Sitzungsberichte
der Akademie der Wissenschaften
der DDR
Mathematik – Naturwissenschaften – Technik

12 N
1978

Durchsetzung des wissenschaftlich-technischen Fortschritts in der Industrie

AKADEMIE-VERLAG · BERLIN

Sitzungsberichte
der Akademie der Wissenschaften
der DDR
Mathematik — Naturwissenschaften — Technik

Jahrgang 1978 · Nr. 12/N

Durchsetzung des wissenschaftlich-technischen Fortschritts in der Industrie

AKADEMIE-VERLAG · BERLIN
1978

Thesen, Vorträge, Diskussionsbeiträge
und Zusammenfassung der Sitzungen der
Klasse Chemie mit Beteiligung Auswärtiger
Mitglieder der Akademie der Wissenschaften
der DDR und Gäste am 1. und 2. Dezember 1977

Herausgegeben im Auftrage
des Präsidenten der Akademie
der Wissenschaften der DDR
von Vizepräsident Prof. Dr. Heinrich Scheel

Erschienen im Akademie-Verlag, 108 Berlin, Leipziger Straße 3—4

Lizenznummer: 202 · 100/229/78
Gesamtherstellung: VEB Druckhaus Köthen
Bestellnummer: 762 69 16 (2010/78/12/N) · LSV 1235
Printed in GDR
DDR 14,— M

Inhalt

G. Keil und H. Klare

Thesen

1. Die Durchsetzung des wissenschaftlich-technischen Fortschritts in der gesellschaftlichen Praxis erfolgt in der chemischen Industrie — wie in anderen Bereichen der Wirtschaft — über die Realisierung neuer und verbesserter Verfahren und Produkte. Hierzu müssen Forschung und Entwicklung einen entscheidenden Beitrag leisten. Dabei kommt der Weiterentwicklung bestehender Verfahren und der Verbesserung der Eigenschaften der sich in der Herstellung befindenden Produkte große Bedeutung zu. Die Forschung muß auf der Grundlage langfristiger Konzeptionen die Entwicklung von Stoffen mit hohem Gebrauchswert und die Anwendung dieser Produkte in allen Zweigen der Volkswirtschaft in der erforderlichen Breite bearbeiten. In der chemischen Industrie beinhaltet die Forschung stets auch die notwendigen technologischen Entwicklungsarbeiten.

Eine perspektive Planung der Grundlagenforschung setzt eine langfristige strategische Orientierung der Produktion voraus. Auf ihrer Grundlage lassen sich zielgerichtet Forschungsleistungen planen, die zur Einführung in die Produktion erbracht werden müssen. Auch die Schaffung technologischer Anschlußgrößen und die Entwicklung von Produktionsmitteln werden durch die langfristige Planung günstig beeinflußt.

2. Der Zusammenhang zwischen Forschung, Entwicklung und technologischer Realisierung ist weiterhin dadurch kompliziert, daß bei Sicherung der langfristigen Orientierung der Produktion die Dynamik wesentlicher Teile der chemischen Industrie gewahrt bleiben muß.

Die Notwendigkeit dafür ergibt sich u. a. aus neuen Erkenntnissen der Forschung, wechselnden Rohstoffaufwendungen und -angeboten aber auch aus der zunehmenden Komplexität der Produktion der chemischen Industrie selbst sowie der sich ständig erweiternden und ändernden Anforderungen anderer Bereiche der Produktion an die Chemie. Die Produkte der chemischen Industrie stellen zu einem großen Teil Ausgangsstoffe für andere Zweige der Volkswirtschaft dar. Sie sind für diese Zweige Produktionsmittel. Der endgültige gesellschaftliche Nutzen, den die chemischen Produkte ermöglichen, wird erst dann erbracht, wenn die Verarbeitung bis zum Konsumgut erfolgt ist.

3. Die Erarbeitung des wissenschaftlich-technischen Fortschritts, die Entwicklung neuer Produkte und neuer Verfahren sowie die Entwicklung der Produk-

tionsmittel ist eine gemeinsame Aufgabe der Forschungspotentiale in den Akademien, Hochschulen und in der Industrie. Prinzipiell ist für die Realisierung des Forschungs- und Entwicklungsergebnisses eine arbeitsteilige, abgestimmte Zusammenarbeit aller Partner Voraussetzung, wobei jeder die Teile bearbeiten muß, für die er die besten Voraussetzungen hat.

4. Die Grundlagenforschungseinrichtungen haben eine doppelte Aufgabenstellung: Sie müssen einerseits Wissenschaftsgebiete nach der inneren Logik der Disziplinen entwickeln, andererseits Ergebnisse in der gesellschaftlichen Praxis wirksam werden lassen. Die Erarbeitung grundlegender Erkenntnisse und die Überführung anwendbarer Ergebnisse sind als wesentliche Seiten effektiver wissenschaftlicher Arbeit stets im Zusammenhang zu betrachten. Aus der bisherigen Erfahrung ist festzustellen, daß eine wesentliche Voraussetzung für die Effektivität der Forschung die Kontinuität der Aufgabenstellung ist. Darunter ist die wissenschaftliche Arbeit an einer komplexen Aufgabe über einen möglichst langen Zeitraum zu verstehen, d. h., daß die methodisch-spezialisierten Kollektive zur Lösung einer Reihe unterschiedlicher Teilprobleme beitragen.

Fundamentale Ergebnisse zeichnen sich durch eine beachtliche Breite aus. Sie bringen daher meistens mehrere Teilprobleme einer Gesamtproblematik der Aufklärung näher. Kontinuität wird nicht dadurch erreicht, daß man auf ein enges Wissenschaftsgebiet, eine Methodik oder spezielle Probleme der stofflichen Zusammensetzung, spezialisiert, sondern dadurch, daß man bei der Bearbeitung die angrenzenden Gebiete in ausreichendem Maße berücksichtigt. Dabei steht man immer wieder vor der Aufgabe, den Aufwand für eine Arbeit richtig einzuschätzen und zu prüfen, welche wissenschaftliche Tiefe man in dem zur Verfügung stehenden Zeitabschnitt erreichen kann. Der Zeitfaktor spielt bei allen Fragen der technischen Anwendung wissenschaftlicher Ergebnisse eine entscheidende Rolle.

5. Noch zu selten entwickeln sich aus Erkenntnissen der Grundlagenforschung grundsätzlich neue Lösungen, die umgesetzt in produktive Verfahren den Kriterien für komplexe volkswirtschaftliche und gesellschaftliche Wirksamkeit entsprechen, die also dazu beitragen, die bestehenden stofflichen und technologischen Probleme auf die dem Sozialismus entsprechende Weise zu lösen. Ursachen dafür werden gesehen in:

a) ungenügendem Wissen über den Weltstand,
b) ungenügender Kenntnis komplexer volkswirtschaftlicher Entwicklungsziele, meist durch eine zu geringe Stabilität der Aufgabenstellungen,
c) bestehenden und nicht zu überwindenden Lücken bei der Bearbeitung innerhalb einzelner Wissenschaftsdisziplinen
d) zu geringer Entwicklung der interdisziplinären Zusammenarbeit
e) nicht ausreichender Nutzung der Möglichkeiten nationaler und internationaler Kooperation

Nur mit langfristigen Entwicklungsprogrammen der Volkswirtschaft abgestimmte Aufgaben der Forschung können gewährleisten, daß die notwendige Breite des wissenschaftlichen Vorlaufs gesichert wird, Alternativen für die Lösung offengehalten werden und damit Variantenvergleiche möglich sind und dem Risiko der Forschung Rechnung getragen wird.

6. Die Forschung in den Industriebetrieben hat eine hohe Verantwortung für die Durchsetzung des wissenschaftlich-technischen Fortschritts. Das gilt vor allem:

- für das Umsetzen und Anwenden von Resultaten der Grundlagenforschung, die keinen stoff- oder prozeßspezifischen Charakter haben,
- für die Lösung von Aufgaben zur wissenschaftlichen Durchdringung von Prozessen und Verfahren, die nur in enger Verbindung mit den Industrieanlagen bearbeitet werden können,
- für Forschungen auf den Gebieten der Verfahrens- und Produktentwicklung und der Anwendungsmöglichkeiten der Erzeugnisse. Damit wird die Forschung und Entwicklung in den Industriebetrieben zu einem wichtigen Faktor bei der Erhöhung des technologischen Niveaus der Produktion.

7. Die Entwicklung des technologischen Niveaus der Produktion wird wesentlich bestimmt durch industrielle Realisierung der in den Grundlagenforschungseinrichtungen und in den Industriebetrieben erarbeiteten wissenschaftlichen Ergebnisse.

Die erfolgreiche Anwendung des Erkenntnisvorlaufes ist vielfach an leistungsfähige materielle Fonds wie Technika, Pilot- und Großversuchsanlagen gebunden.

8. Neben der Realisierung eigener Ergebnisse des wissenschaftlich-technischen Fortschritts wird der Import von Verfahren auch in Zukunft steigende Bedeutung haben. Der Import von Verfahren bedeutet jedoch für die Forschung, auch diese Prozesse zu bearbeiten, um das Betreiben solcher Anlagen mit Erkenntnissen aus der wissenschaftlichen Arbeit zu unterstützen, unter Umständen sogar erst zu ermöglichen.

Ohne eigene wissenschaftliche Erkenntnisse kann eine importierte Anlage nicht erfolgreich angefahren und betrieben werden.

Die verfahrenstechnischen Grundlagen sind weitgehend spezialisiert für den Prozeß entwickelt, so daß sie nur von Spezialisten mit der erforderlichen Sachkenntnis beurteilt und übersehen werden können. Weiterhin ist bei hochentwickelten Verfahren die Rekonstruktion und Intensivierung nur mit Ergebnissen wissenschaftlich-technischer Forschung möglich.

9. Im Zusammenhang mit der steigenden Bedeutung der Wissenschaft als Produktivkraft und der Durchsetzung des wissenschaftlich-technischen Fortschritts in der Produktion bildet sich die technologische Forschung als Disziplin in den Einrichtungen der Forschung heraus.

Definiert man die Technologie als die Summe der chemischen, physikalischen, mathematischen, biologischen, verfahrenstechnischen, ökonomischen und sozialen Gesetzmäßigkeiten, durch die und mit deren Hilfe der Stoffwechsel zwischen Mensch und Natur beherrscht wird, so ist für die chemischen Wissenschaften dieses notwendige Zwischenglied zwischen Rohstoff und Gebrauchswert von großer Bedeutung.

10. Die gegenwärtige Anwendung des bestehenden Systems der ökonomischen Regelungen und der Kennziffern dienen nur unzureichend der Beschleunigung des wissenschaftlich-technischen Fortschritts, da im allgemeinen rein quantitative Kennziffern im Mittelpunkt der Leistungsbewertung der Betriebe stehen.

Bestehende Kennziffern sollten in ihrer Aussage näher untersucht und ergänzt werden durch qualitative Faktoren, die es gestatten, Aussagen zur Verbesserung der Qualität der Erzeugnisse, Erhöhung der Gebrauchswerte, der Zuverlässigkeit und Lebensdauer, der Verminderung des Materialeinsatzes, der Verminderung der Umweltbeeinflussung usw. zu bewerten.

G. Keil

Einleitungsvortrag

Herr Präsident, verehrte Anwesende!

Es ist für uns sehr angenehm und eine große Ehre, zu unserer Klassensitzung so viele unserer Auswärtigen Mitglieder und Gäste anderer sozialistischer Akademien begrüßen zu dürfen. Wir wissen es zu schätzen, daß Sie sich die Zeit genommen haben, zu dieser Sitzung zu uns zu kommen, denn uns ist klar, welches Arbeitspensum jeder von Ihnen täglich bewältigen muß, welche hohe Verantwortung jeder trägt.

Auch die Mitglieder unserer Akademie aus den anderen Klassen darf ich herzlich begrüßen. Wir freuen uns, über die vorgesehenen Probleme interdisziplinär sprechen zu können. Begrüßen möchte ich auch die Mitarbeiter der Industrie und unserer Akademie, die aus den verschiedensten Bereichen heute zu uns gekommen sind. Wir hoffen, daß Sie alle von den 2 Tagen nicht enttäuscht sein werden.

Wir haben Ihnen mit der Einladung einige Thesen für diese Sitzung übersandt. Aus einigen Gesprächen konnten wir entnehmen, daß diese Thesen unser Anliegen zumindest nicht vollständig erklären, und wir wurden auch auf einige Formulierungsfragen aufmerksam gemacht. Deshalb haben wir Ihnen die Thesen in wenig korrigierter Form heute nochmals übergeben.

Die alten Thesen zeigten etwas einseitig die Probleme bzw. die Voraussetzungen, die für die Wissenschaft erbracht werden müssen. Zumindest kann man sie einseitig verstehen. Wir meinen aber, daß wir uns in diesen beiden Tagen insbesondere mit unserer Arbeit beschäftigen und die Frage nach den Besonderheiten der wissenschaftlichen Arbeit, ihrem Niveau, ihrer gesellschaftlichen Wirksamkeit an *uns* richten sollten. Wir haben Ihnen hierzu auch einen Sonderdruck zu Problemen der Effektivität von Forschung und Entwicklung übergeben. [1]

Gestatten Sie mir nun einige einführende Bemerkungen, in denen ich versuchen möchte, das Ziel unserer Klassensitzung noch umfassender zu verdeutlichen als es in den Thesen geschehen konnte.

Ich möchte mit einem Zitat beginnen, das zwar ein Menschenleben alt ist, das aber nach wie vor aktuelle Bedeutung besitzt: Der Plan der Akademie der Wissenschaften muß beinhalten: „... eine möglichst vollständige, selbständige Eigenversorgung ... mit allen wichtigsten Rohstoffen und Industrieerzeugnissen. Besonders große Aufmerksamkeit für die Elektrifizierung der Industrie und des Verkehrswesens und für die Anwendung der Elektrizität in der Landwirtschaft. Ausnutzung der weniger wertvollen Sorten von Brennstoffen (Torf, Kohle geringerer Qualität) zur Erzeugung elektrischer Energie bei geringsten Aufwendungen für die Beschaffung und den Transport des Brennstoffs." [2]

Es ist m. E. sehr aufschlußreich, sich dieser Passagen aus LENINS Entwurf eines Planes wissenschaftlich-technischer Arbeiten zu erinnern. Nicht nur, weil wir unlängst gemeinsam mit allen fortschrittlichen Kräften der Welt den 60. Jahrestag der Oktoberrevolution gefeiert haben, sondern auch, weil in diesem ersten Dokument einer Wissenschaftsplanung überhaupt bereits die Orientierung für eine Wissenschaft im Sozialismus gegeben wird, dem Wohle der Gesellschaft und damit der gesamten Bevölkerung zu dienen.

Interessant ist weiterhin, daß die von LENIN damals erkannten Hauptprobleme, nämlich die rationelle Rohstoffgewinnung und -nutzung sowie die Energieversorgung, in keiner Weise an Bedeutung verloren haben, sondern eher im Gegenteil heute schärfer denn je vor uns stehen.

Wenn wir heute, manchmal schon leider als Phrase und ohne uns tiefergehende Gedanken zu machen, von der zunehmenden Rolle der Wissenschaft als Produktivkraft sprechen, so bedeutet das doch, daß wissenschaftliche Erkenntnisse heute mehr denn je für die Entwicklung der gesamten Menschheit notwendig sind. Wie es JOHN BERNAL formulierte, muß „... das technische ‚know — how' heute überall von dem wissenschaftlichen ‚know — why' gestützt werden, wenn das Leben und das Wachstum einer modernen Gemeinschaft aufrechterhalten werden sollen." [3]

Die Lösung aller fundamentaler Probleme der gesellschaftlichen Entwicklung beruht auf fundamentalen Erkenntnissen der Wissenschaft, z. B.

- die Versorgung mit Energie — auf Ergebnissen der Kernwissenschaften,
- die Versorgung mit Nahrungsmitteln — auf Ergebnissen der Biologie, der Chemie und der Landwirtschaftswissenschaften,
- die Versorgung mit Bekleidung — auf Ergebnissen der Chemie,
- die Versorgung mit Wohnraum — auf Ergebnissen der Werkstoffwissenschaften, der Chemie, der Physik u. a.,

um nur einige Beispiele zu nennen.

Der eingangs zitierte Planentwurf LENINS zeigt, daß die kommunistischen und Arbeiterparteien von Anfang an der Entwicklung der Wissenschaften und der Beschleunigung des wissenschaftlich-technischen Fortschritts große Bedeutung beigemessen haben. Selbst in den so schwierigen Jahren des Bürgerkrieges sorgte die junge Sowjetmacht für entsprechende Arbeitsbedingungen für bedeutende Wissenschaftler. Erinnert sei nur an den 1921 von LENIN unterzeichneten Beschluß „Über die Schaffung von Bedingungen, die die wissenschaftliche Arbeit des Akademiemitgliedes PAWLOW und seiner Mitarbeiter gewährleisten." In einer Zeit, in der es für die Sowjetmacht um Leben und Tod ging, in der der Hunger im ganzen Land herrschte, wurden Bedingungen geschaffen, die es PAWLOW ermöglichten, seine Arbeiten zur Erforschung der Hirnrinde forzusetzen.

Diese Politik findet ihre logische Konsequenz in der Bedeutung, die der Rolle der Wissenschaft heute in den sozialistischen Ländern beigemessen wird. Lassen

Sie mich zur Verdeutlichung des Gesagten drei der diesbezüglichen Feststellungen aus der jüngsten Zeit herausgreifen. So erklärte LEONID BRESHNEW während einer Aussprache mit den Präsidenten der Akademien sozialistischer Länder: „Faktisch alle sozialistischen Bruderländer konzentrieren z. Z. ihre Aufmerksamkeit auf die Erhöhung der Effektivität der Produktion und die Verbesserung der Qualität der Erzeugnisse. Schon das allein bestimmt die wachsende Rolle der Wissenschaft im Leben der Gesellschaft, bei der Erfüllung der von LENIN gestellten historischen Aufgabe, eine höhere Arbeitsproduktivität als die kapitalistische Gesellschaft zu erreichen.“ [4]

Und in dem Bericht des ZK an den IX. Parteitag der SED erklärte E. HONECKER: „Künftig sollte sich die Akademie der Wissenschaften der DDR in noch stärkerem Maße dafür verantwortlich fühlen, daß an ihren eigenen Instituten und im Zusammenwirken mit den Universitäten und Hochschulen, der Akademie der Landwirtschaftswissenschaften, den anderen Akademien und der Industrie fundamentale wissenschaftliche Probleme bearbeitet und hervorragende Leistungen erbracht werden. Neben den bereits bewährten Methoden der Zusammenarbeit gilt es, neue und höhere Formen zu finden, die auf die optimale Nutzung der Forschungskapazität gerichtet sind. Dabei sind für die Bearbeitung komplexer wissenschaftlicher Aufgaben zur raschen Überführung von Forschungsergebnissen in die Produktion bessere Bedingungen zu schaffen.“ [5]

Genosse KURT HAGER stellte auf der 7. Tagung des Plenums des Zentralkomitees der SED im Bericht des Politbüros fest: „Die Parteiorganisationen dürfen nicht zulassen, daß um der kurzfristigen Lösung aktueller Produktions- und Finanzprobleme willen die Schaffung des notwendigen Vorlaufes für die künftige Leistungsentwicklung der Betriebe und Kombinate vernachlässigt wird. Die notwendigen Bedingungen für die Entwicklung und umfassende Nutzung der wissenschaftlich-technischen Ergebnisse sind mit gleicher Dringlichkeit zu schaffen, wie dies bei den Aufgaben der laufenden Produktion erfolgt.“ [6]

Bereits diese Zitate machen deutlich, welche große Verantwortung die Wissenschaftler für die Entwicklung der sozialistischen Gesellschaft haben und wie sie dabei von den kommunistischen und Arbeiterparteien unterstützt werden.

Die wachsende Bedeutung der Wissenschaft für die Entwicklung der Gesellschaft führte auch dazu, daß die Gesellschaft in immer höherem Maße Mittel für den wissenschaftlichen Fortschritt einsetzt. Konkreter Ausdruck dieser Tendenz ist die schnell wachsende Anzahl der Wissenschaftler im Vergleich zu den Beschäftigten in den übrigen Arbeitsbereichen und zur Gesamtbevölkerung. So stieg in der UdSSR die Anzahl der wissenschaftlichen Mitarbeiter von 1913 bis 1968 um das 73fache, die der Arbeiter und Angestellten um das 6,6fache und die Bevölkerung des Landes wuchs um 50%. [7]

Dieselbe Tendenz zeigt sich, wenn auch in abgeschwächter Form, in den kapitalistischen Ländern. In der UdSSR sind heute ein Viertel aller in der Welt tätigen Wissenschaftler beschäftigt (bei einem Bevölkerungsanteil der UdSSR von 7% an der Weltbevölkerung). Besonders beeindruckend für die Wissenschaftsentwicklung in den sozialistischen Ländern, insbesondere in der UdSSR, sind aber nicht die Zahlen, sondern vor allem die hohen Leistungen, wie die Entwicklung der Kerntechnik und der Raumfahrt, um hier nur die eindruckvollsten zu nennen.

Die großen und vor allem ständig steigenden Aufwendungen der sozialistischen Staaten für die Wissenschaft verpflichten natürlich die Wissenschaftler zur entsprechenden Gegenleistung. Aber es ist nicht allein dieser ökonomische oder vielleicht eher noch kommerzielle Gesichtspunkt. Die bereits mehrfach erwähnte Bedeutung des wissenschaftlich-technischen Fortschritts für die Entwicklung der sozialistischen Gesellschaft zwingt uns zu größeren Anstrengungen bei der Gewinnung und Nutzung wissenschaftlicher Erkenntnisse.

Die in dem bereits angeführten Zitat von Leonid Breshnew geforderte notwendige Erhöhung der Arbeitsproduktivität wird in der sozialistischen Gesellschaft nicht durch eine immer schärfere Ausbeutung des Menschen durch den Menschen erreicht, sondern in erster Linie durch den Einsatz des wissenschaftlich-technischen Fortschritts.

Ein dritter Gesichtspunkt kommt noch hinzu, der in der inneren Entwicklung der Wissenschaft selbt begründet ist. Die Geschichte der Wissenschaft hat gezeigt, daß sie überall dort über kurz oder lang stagniert und steril wird, wo sie losgelöst von der gesellschaftlichen Entwicklung betrieben wird. Daher müssen wir Wissenschaftler uns immer wieder die Frage nach der Wirksamkeit, der gesellschaftlichen Relevanz unserer Arbeit stellen.

In allen sozialistischen Ländern sind aus diesem Grund Fragen der „Überführung“ wissenschaftlicher Ergebnisse auf der Tagesordnung, es gibt eine beträchtliche Zahl von Veröffentlichungen und wissenschaftlichen Veranstaltungen zu diesen Problemen. Es ist gewiß nicht zufällig, daß sich das ZK der KPdSU gerade jetzt eingehend mit den Erfahrungen der Ukrainischen Akademie der Wissenschaften und der Sibirischen Abteilung der AdW der UdSSR beschäftigt hat. Es hat sich gezeigt, daß diese Wissenschaftszentren in der UdSSR es verstanden haben, Bedingungen zu schaffen, die die Umwandlung der wissenschaftlichen Ergebnisse in eine unmittelbare Produktivkraft fördern.

Bei allen diesen wichtigen und für uns lehrreichen Untersuchungen zeigte es sich immer wieder, daß das wissenschaftliche Ergebnis qualitativen und quantitativen Kriterien entsprechen muß, wenn es gesellschaftlich wirksam werden soll.

Es hat sich aber auch gezeigt, daß diese Kriterien nicht nur bei den einzelnen Wissenschaftsdisziplinen unterschiedlich sind, sondern, daß sie sich auch von Aufgabe zu Aufgabe erheblich voneinander unterscheiden. Deshalb hat die Klasse Chemie der AdW der DDR eine zweitägige Sitzung mit Auswärtigen Mitgliedern und Mitgliedern von Akademien anderer sozialistischer Länder in ihr Arbeitsprogramm aufgenommen, um gemeinsam das für uns z. Z. so wichtige Problem zu beraten:

„Welche Faktoren müssen im Forschungsprozeß beachtet werden, wie muß ein wissenschaftliches Ergebnis beschaffen sein, damit es für die gesellschaftliche Entwicklung wirksam werden kann?“

Wir wollen uns also mit der Qualität unseres Arbeitsproduktes beschäftigen, um in der weiteren Arbeit den steigenden Anforderungen der Gesellschaft an die Leistungen der Wissenschaft noch besser gerecht werden zu können. Uns ist natürlich klar, daß wir damit ein vielschichtiges Problem in Angriff nehmen und daß die Verfahrensweise für die Behandlung der Probleme mit Recht sehr unterschiedlich sein kann.

Wir sind jedoch der Meinung, daß wir als Chemiker bei der Methodik bleiben sollten, die wir bei unserer Arbeit im allgemeinen anwenden, nämlich, vom Konkreten zum Allgemeinen vorzugehen. Deshalb möchten wir alle Anwesenden bitten zu prüfen, ob sie an konkreten Beispielen aus ihren eigenen Arbeiten Hinweise zu der von uns aufgeworfenen Frage geben können. Wir sind fest davon überzeugt, daß jeder bei diesem Erfahrungsaustausch lernen kann, und daß wir nach den zwei Tagen mit neuen Anregungen zur effektiveren Arbeit in unsere Kollektive zurückkehren.

Lassen Sie mich bitte nunmehr noch einige Bemerkungen machen, welche Erfahrungen wir im Forschungsbereich Chemie der AdW der DDR in den letzten Jahren zu dieser Problematik gesammelt haben. Sie sind allerdings, ohne daß wir der Diskussion vorgreifen wollen, aus unserer Sicht bereits etwas verallgemeinert.

1. Die wichtigste Voraussetzung für eine gesellschaftliche Relevanz ist u. E. ein hohes Niveau der Grundlagenforschung, und zwar unabhängig davon, wo sie betrieben wird, also nicht nur in den Akademien und Einrichtungen des Hochschulwesens, sondern auch in den Forschungsstätten der Industrie. Nur bei einer ausreichenden Breite der Forschungen und wenn sie mit der notwendigen Tiefe betrieben werden, ist eine effektive und vor allem auch optimale Lösung der sogenannten „Tagesfragen“ möglich.

Es ist uns immer schwer gefallen, zwischen den Planungskategorien „Grundlagenforschung“ und „angewandte Forschung“ zu unterscheiden. Wir mußten oft feststellen, daß Arbeiten zur wissenschaftlichen Durchdringung laufender (oft sehr alter) Prozesse ein viel höheres wissenschaftliches Niveau verlangten als das zum Beispiel für die Entwicklung eines neuen Prozesses notwendig war, was nicht zuletzt an dem eingeengten Spielraum für die Lösung bestehender Verfahren liegt. Weil also nach unserer Auffassung die Einteilung nach Forschungs- und Entwicklungsprozessen keine Aussage zum wissenschaftlichen Niveau bzw. Wert zuläßt, gehen wir bei der Erarbeitung der Aufgabenstellung von folgenden Überlegungen aus:

Unsere Forschung muß so angelegt sein, daß sie sowohl Beiträge zur Festigung der Fundamente unserer Wissenschaft als auch zu ihrer Anwendung in der Industrie leistet.

Sicherlich erscheint es selbstverständlich, daß die Forschung dieser doppelten Aufgabenstellung gerecht werden muß. Ganz so einfach ist die Sache aber nicht, denn es gelang uns nicht immer, das richtige Verhältnis zwischen beiden Aufgaben zu finden.

Das hat unserer Auffassung nach objektive Gründe. Einerseits kann man im Forschungsprozeß den reinen Erkenntnisfortschritt eine Zeitlang verabsolutieren, sogar ohne in eine Sackgasse zu geraten. Andererseits ist es möglich, allein die industrielle Zweckbestimmung einer Forschungsaufgabe zu betrachten. Das führt früher und später zum Praktizismus, insbesondere dann, wenn es schwerfällt, mit dem Erkenntnisfortschritt der Grundlagenforschung Schritt zu halten. In beiden Fällen bleiben kurzfristige Erfolge meist nicht aus. Aber darin besteht gerade die Gefahr. Die Auswirkungen beider Arbeitsweisen sind von langfristiger Dauer und beeinflussen das generelle wissenschaftliche Niveau und Leistungsvermögen unserer Forschung und ihre praktische Wirksamkeit.

Insbesondere eine Unterschätzung der Grundlagenforschung in der Industrie würde mit der Entwicklung der Wissenschaften immer verhängnisvoller. Infolge des beträchtlichen Fortschritts im Erkenntnisprozeß können neue Lösungen nur noch auf der Basis wissenschaftlicher Grundlagen erarbeitet werden, und neue Lösungen verlangen ihrerseits eine spezifische Grundlagenforschung. Wenn wir also von der Lösung beider Aufgaben sprechen, meinen wir nicht nur die einfache Addition von Grundlagenforschung und Lösungen angewandter Aufgabenstellungen. Wir meinen die Einheit beider, die besondere Qualität, bei der die Grundlagenforschung zur Quelle der angewandten Forschung und Anwendung wird, der wiederum neue Fragen der Grundlagenforschung entspringen oder die zumindest das experimentelle Tatsachenmaterial erweitert, aus dem grundlegend neue Erkenntnisse abgeleitet werden. Geht man mit diesen Überlegungen an die Aufgabenstellung, dann ist es im Grunde von untergeordneter Bedeutung, ob die Aufgabenstellung aus Anwendungsaspekten oder aus der inneren Logik der Wissenschaftsentwicklung abgeleitet ist. Man muß nur stets beide Aspekte beachten und die Forschung entsprechend anlegen.

2. Eine zweite Voraussetzung für eine gesellschaftliche Relevanz der Forschungsergebnisse ist die Übereinstimmung der wissenschaftlichen Arbeiten mit den gesellschaftlichen Erfordernissen. In der bereits erwähnten Aussprache mit den Präsidenten der Akademien sozialistischer Länder bemerkte Leonid Breshnew: „Wir brauchen nicht zu verbergen, daß auch ein gesunder Baum der Wissenschaft manchmal trockene und unfruchtbare Äste trägt. Es kommt auch vor, daß in völlig abseitsliegende und schlechthin fruchtlose Richtungen geforscht wird.“ [4] Wenn nun diese trockenen Äste rechtzeitig entfernt werden, entwickelt sich der Baum — um im Bilde zu bleiben — aber schneller, als es mit trockenen Ästen der Fall gewesen wäre.

3. Eng mit der von uns genannten zweiten Voraussetzung ist auch die dritte verbunden, nämlich die sorgfältige Wahl der Aufgabenstellung. Bei dem Ausmaß der heutzutage für die Wissenschaft aufgewendeten Mittel erlangt die Aufgabenstellung eine außerordentliche Bedeutung und wird selbst zu einer wissenschaftlichen Arbeit. Die These, daß man nur lange genug arbeiten muß, dann wird sich das

Ergebnis auch einstellen, ist eben nicht richtig. Das Perpetuum mobile ist immer noch nicht entdeckt worden, obwohl jahrhundertelang danach gesucht wurde und z. T. auch heute noch gesucht wird, wie ich bezeugen kann; allerdings nicht im Rahmen unseres von Partei und Regierung beschlossenen Programms der Grundlagenforschung. Übrigens stünde eine derartige Forschung in bestem Einklang mit unserer zweiten Voraussetzung; die gesellschaftliche Notwendigkeit wäre durchaus gegeben!

4. Als vierte Voraussetzung möchte ich die ständige kritische und selbstkritische Kontrolle der Arbeitsergebnisse und der erreichten Zwischenstufen nennen.

Gerade hier haben wir, so glaube ich sagen zu können, einen erheblichen Nachholebedarf. Das wirkliche wissenschaftliche Streitgespräch ist leider viel zu selten geworden und hat z. T. einer gewissen Selbstzufriedenheit Platz gemacht. Selbstverständlich kann es kein Erfolgsrezept für die wissenschaftliche Arbeit geben. Sie wird immer mit einem Risiko behaftet sein. Aber gerade deshalb ist es gegebenenfalls erforderlich, den notwendigen Mut aufzubringen und die Richtigkeit des vorgesehenen Weges mit den neuen eigenen und fremden Ergebnissen zu prüfen. Eine derartige ständige kritische Einschätzung der eigenen wissenschaftlichen Arbeit öffnet übrigens oft auch die Wege für völlig neue, ursprünglich nicht eingeplante Forschungsziele und für unerwartete Anwendungsmöglichkeiten. Die Geschichte der Wissenschaft ist voll von derartigen „am Rande gemachten“ Entdekkungen. Die zufälligen Entdeckungen spielen gewiß nicht mehr die Rolle, die sie früher einmal gespielt haben, ganz zu vernachlässigen sind sie — glücklicherweise — auch heute nicht.

5. Lassen Sie mich als fünften Punkt noch die Rolle der Technologie hervorheben. Dazu ist auch in den Ihnen vorliegenden Thesen einiges ausgeführt. Wir haben in der Vergangenheit der Rolle der Technologie und den wissenschaftlichen Untersuchungen über die Grundlagen der Technologie teilweise zu wenig Beachtung geschenkt. Im Ergebnis fehlten uns dann die erforderlichen „Anschlußstücke“, um die wissenschaftlichen Ergebnisse nutzbar zu machen. In der AdW der DDR haben wir inzwischen die notwendigen Schlußfolgerungen gezogen und verstärken konsequent das Wissenschaftspotential gerade auf diesem Gebiet.

Ich möchte hier noch weitere Faktoren, die die gesellschaftliche Relevanz wissenschaftlicher Ergebnisse beeinflussen, aufführen, also z. B. die Rolle der Wissenschaftlerpersönlichkeit, die Rolle der Ausbildung und des Einsatzes der wissenschaftlichen Kader, die Rolle der materiellen Ausrüstung und anderes mehr. Aber zum einen möchte ich mich auf einige wichtige Voraussetzungen beschränken und zum anderen möchte ich natürlich nicht der Diskussion vorgreifen. Ich denke, am Ende unserer Beratungen werden wir die Rolle der verschiedenen Einflußfaktoren genauer bestimmen können.

Literatur

[1] G. Keil, G. Zimmermann: Einige Hinweise auf Möglichkeiten zur Effektivitätssteigerung in Forschung und Entwicklung im Bereich der Chemie. Chemische Technik 29 (1977), Heft 10, S. 533 bis 537.
[2] V. I. Lenin: Entwurf eines Plans wissenschaftlich-technischer Arbeiten. Werke, Bd. 27, S. 312 bis 313.
[3] J. D. Bernal: Die Wissenschaft in der Geschichte. VEB Deutscher Verlag der Wissenschaften, Berlin 1967, S. 815.
[4] L. I. Breshnew: Vestnik AN SSSR, 1977 Nr. 5, S. 6. Neues Deutschland (B), 18. 2. 1977.
[5] Bericht des ZK der SED an den IX. Parteitag der SED. Berichterstatter Erich Honecker, Dietz Verlag Berlin, 1976.
[6] 7. Tagung des ZK der SED, 24./25. 11. 1977. Aus dem Bericht des Politbüros an das ZK der SED. Berichterstatter Kurt Hager, Dietz Verlag Berlin, 1977.
[7] I. I. Kusminow: Abriß der politischen Ökonomie des Sozialismus — Methodologie —, Dietz Verlag Berlin, 1976, S. 14.

B. Baranowski

Diskussionsbeitrag

Das Thema der heutigen Sitzung wird in Polen sehr oft bei verschiedenen Gelegenheiten diskutiert. In meinem Beitrag möchte ich kurz die Methoden besprechen, die die Polnische Chemische Gesellschaft gegenwärtig anwendet. Wir haben auf der Hauptjahrestagung in Warschau im Jahre 1976 das Thema der Zusammenarbeit zwischen Grundlagenforschung und Industrie in einer Sektion aufgegriffen, wobei einerseits konkrete Vorschläge der Industrie, andererseits aber einzelne Beispiele der obengenannten Zusammenarbeit — sowohl im positiven wie auch im negativen Sinne — zur Aussprache kamen. Diese regen Diskussionen waren so ergiebig, daß wir es angebracht fanden, die wichtigsten Schlußfolgerungen in den Zeitschriften der Chemischen Gesellschaft wie auch des Ingenieurvereins der Chemischen Industrie zu veröffentlichen.

Nach der Hauptjahrestagung in Warschau haben die oben genannten chemischen Vereine beschlossen, eine Arbeitsgemeinschaft zu gründen, die Fragen der Zusammenarbeit zwischen Vertretern der Grundlagenforschung und der Industrie erörtern soll. Als detaillierte Aufgaben dieser Arbeitsgemeinschaft wären folgende Fragenkomplexe zu nennen:

1. Annäherung der Forschungsgruppen von Hochschulen, Akademieinstituten und der Industrie bei der Lösung von Fragen der Einführung neuer wissenschaftlicher Erkenntnisse in der Produktion.
2. Analyse von positiven und negativen Beispielen von solchen Einführungen.
3. Formulierung von Schlußfolgerungen, die an entsprechende offizielle Stellen gerichtet werden, um die gegenwärtige Lage zu verbessern.

Diese allgemeinen Aufgaben beabsichtigen wir auf den folgenden Wegen zu verwirklichen:

1. Es sind Diskussionstreffen von obengenannten Spezialistengruppen vorgesehen, wo entsprechende Fragenkomplexe zur Aussprache gelangen.
2. Auf den Hauptjahresversammlungen werden Plenar- oder Sektionsvorträge gehalten, die eine Übersicht der innerhalb der Arbeitsgruppen gebildeten Meinung darzustellen haben.
3. Ausgewählte Industriezweige der chemischen Industrie werden einer detaillierten Analyse unterzogen. Dabei sind wir bereits zu der Überzeugung gekommen,

daß die Kleintonnageproduktion sich zum obengenannten Zweck besonders gut eignet.

4. Die gebildete Arbeitsgemeinschaft beabsichtigt, ihre Versammlungen in ausgewählten Industriebetrieben, industriellen Forschungsinstituten oder Hochschulen abzuhalten.

Wir sind überzeugt, daß die vorgeschlagene überinstitutionelle, rein gesellschaftliche Art der Diskussion neue Akzente und Möglichkeiten erschließt, die zur besseren Ausnutzung unserer sozialistischen Gesellschaftsordnung beitragen können.

Mit Interesse haben wir auf der diesjährigen Hauptjahrestagung der Chemischen Gesellschaft der DDR in Dresden erfahren, daß eine neue Arbeitsgruppe „Chemische Technologie" gebildet wurde. Ihr Arbeitsgebiet ist dem der obengenannten Arbeitsgemeinschaft unserer Gesellschaft sehr verwandt, und wir hoffen, daß eine wirksame Zusammenarbeit ermöglicht wird.

Ich kann mit voller Verantwortung feststellen, daß unsere Erfahrungen in mancher Hinsicht mit den uns vorgelegten Thesen übereinstimmen. Wir sollten unseren deutschen Kollegen einen besonderen Dank dafür aussprechen, daß sie viele Probleme und ihre Lösungen in allgemeiner Form dargelegt haben. Diese Ergebnisse werden auch in unserer Arbeit von großem Wert sein.

W. Bobeth

Beispiele zur Durchsetzung des wissenschaftlich-technischen Fortschritts in der Glasfaserstoffe erzeugenden Industrie und Schlußfolgerungen

Das Institut für Technologie der Fasern der AdW der DDR verfügt seit längerer Zeit über ein Wissenschaftler-Kollektiv, das sich anfangs mit Problemen der Herstellung und Verarbeitung von Glasfasern und Glasfäden befaßte und als anerkannter Wissensträger wesentlich mit dazu beitrug, daß es zum Aufbau des VEB Glasseidenwerk Oschatz kam. Wichtig war dabei, daß diese Wissensträger im Zusammenhang mit der damaligen Wirtschaftssituation rechtzeitig zuständige Partei- und Regierungsstellen mittels eines Gutachtens beraten konnten, ein Verfahren auf Importbasis zu installieren, das als „Direktspinnverfahren" wesentlich effektiver arbeitet als das ursprünglich vorgesehene diskontinuierliche Verfahren. Es war selbstverständlich, daß diese Wissensträger an allen Phasen dieses Vorhabens mitwirkten und das Aufbaukollektiv bei der Projektierung, den Vertragsabschlüssen zur technischen Ausrüstung, den Leistungsabnahmen usw. belangvoll unterstützten. Damit wurde der aktuellen Forderung entsprochen, beim *Import von Technologien* maßgebende Wissensträger einzuschalten, die den künftigen Anlagenbetreiber mit den Erkenntnissen aus ihrer wissenschaftlichen Arbeit unterstützen.

Mit der Inbetriebnahme des Glasseidenwerkes wurde die Forschungsplanung des Institutes langfristig auf die wissenschaftlich-technische Weiterentwicklung des Glasseidenwerkes sowie auf die Applikation ausgerichtet und das bearbeitende Wissenschaftlerkollektiv beträchtlich erweitert. Zur Steigerung der Produktionssicherheit in qualitativer und quantitativer Hinsicht wurden Arbeiten zur wissenschaftlichen Durchdringung des Produktionsablaufes angesetzt, was im Sinne von *Prozeßanalysen* erfolgte. Die vor Ort und in den Laboratorien gewonnenen Erkenntnisse erhielt der Betrieb in Form von Forschungsberichten, Qualitätsforderungen, Beschaffenheitsstandards, Fehlerkatalogen usw. zugereicht. Zeitweise wirkten auch Mitarbeiter des Institutes unmittelbar im Produktionsbetrieb mit, was insbesondere bei der Niveauanhebung der Glasseidenweberei wichtig war.

Um den Glasseiden und Glasseidengeweben die erforderliche Gebrauchstüchtigkeit für verschiedenste Einsatzzwecke geben zu können, wurden zahlreiche Vorlauf- und Überleitungsarbeiten durchgeführt. Dabei zeigte der Industriepartner einerseits zunehmend Verständnis für die erforderlichen Grundlagen- und Erkundungsarbeiten, andererseits taktete er im gemeinsamen Pflichtenheft immer besser in eine arbeitsteilige Zusammenarbeit im Interesse einer schnellen Ergebnisnutzung ein.

Bei der Entwicklung eines hochwertigen *Glasseidenkordes* gelang es an Hand einer weitreichenden und umfassenden Konzeption, Grundlagenarbeiten des Institutes mit verfahrenstechnischen Entwicklungen des Partners in zeitlicher Überlappung wesentlich schneller als sonst üblich mit der Inbetriebnahme einer Pilotanlage zum erfolgreichen Abschluß zu bringen. Damit war allerdings erst der halbe Weg zurückgelegt, da ein Glasseidenkord seinen *gesellschaftlichen Nutzen* erst mit seiner Verarbeitung zu einem Finalprodukt erhält. Auch hierzu gab es Vorlaufarbeiten, die sich insbesondere auf die Nutzung in der Autoreifenindustrie bezogen, aber auch Varianten für die Gummi- und Kabelindustrie enthielten, um beim Scheitern des ursprünglichen Einsatzvorhabens keine vergebliche Arbeit geleistet zu haben.

Bei derartigen Arbeiten erweist sich die komplexe Zusammenarbeit in einem überbetrieblichen sozialistischen Kollektiv als besonders vorteilhaft.

In analoger Weise wurde auch bei der Applikation von Glasseidengeweben vorgegangen. Damit z. B. ein hochwertiges *Dekorationsgewebe* hergestellt werden konnte, mußten gemeinsam mehrere Forschungsetappen durchlaufen werden. Zunächst war ein kontinuierlich arbeitendes Veredlungsverfahren zu entwickeln, das dem Glasseidengewebe den erforderlichen textilen Griff verleiht, eine Aufgabenstellung, die einen multivalenten Nutzen erwarten ließ. Dazu war ein Kollektiv aus Chemikern, Technologen und Konstrukteuren erforderlich, das auf Basis vorangegangener Laborversuche eine Anlage schuf, auf der das herstellungsbedingte Präparationsmittel von der Glasseidenoberfläche thermisch restlos entfernt, das Gewebe mit einem speziellen Textilhilfsmittel imprägniert und dies kondensiert wurde. Diese thermisch-chemische Veredlungsanlage wurde von der eigenen Werkstatt in Kooperation mit verschiedenen Betrieben mit industriegerechten Abmessungen gebaut, im eigenen Haus mit etwa 1 Mio m^2 Glasseidengewebe unter Anlernung von Arbeitern des Glasseidenwerkes erprobt und dann als Produktionsmaschine in den Betrieb umgesetzt, wo sie als Unikat sich bestens bewährte.

Der nächste Schritt war die Entwicklung eines Färbeverfahrens, das auf Basis von Plastdispersionen und Pigmentfarbstoffen zu wesentlich satteren Farbtönen und höheren Echtheiten führte als die „klassischen" Färbeverfahren. Im Rahmen der Rationalisierung war es bald erforderlich, eine Veredlungsanlage zu importieren, da das Glasseidenwerk seine Gewebe selbst färbt. Auch hierbei haben die Wissensträger des Institutes entscheidend mitgewirkt und die Leistungsabnahmen bestimmt.

Auch das Bedrucken der Glasseidengewebe in einer Textildruckerei wurde von den Kollegen des Institutes entwickelt und erfolgreich eingeführt. Eine weitere Forschungsetappe war das Beschichten der Glasseidengewebe für den Einsatz in der Bauindustrie und in der Landwirtschaft.

Der Schwerpunkt der Glasseidengewebenutzung verschob sich aber kürzlich auf das Gebiet der *Mehrlagenleiterplatten*. An die hierzu erforderlichen Glasseidengewebe werden besonders hohe Qualitätsanforderungen gestellt, was sich insbesondere auf deren gleichmäßige Beschaffenheit und hohe Reinheit bezieht. Diesbezügliche Prozeßanalysen des ITF erbrachten wertvolle Erkenntnisse, zumal die in den Geweben beanstandeten Flecken, Striche usw. durch systematische Anwendung moderner Analysenmethoden bis hin zur Mikrosondennutzung bezüglich Art und — im Zusammenhang mit den Produktionsbedingungen — ihrer Herkunft analysiert werden konnten. Auf diese Weise waren einerseits Maßnahmen zur Einschränkung oder Beseitigung dieser Erscheinungen möglich, andererseits ließen sich übertriebene Reinheitsforderungen abbauen. In diesem Beispiel traten bei der Fertigung des Endproduktes vor allem deshalb Schwierigkeiten auf, weil der komplexe Charakter der Aufgabenstellung in der Forschungsplanung und -durchführung weitgehend unberücksichtigt blieb. Die Produktionskette war nicht einheitlich aufeinander abgestimmt, und es bestand keine durchgängige Forschungskooperation. Daher war es nicht verwunderlich, daß Schwierigkeiten mit dem Material vorwiegend der voranstehenden Produktionsstufe angelastet wurden, insbesondere dem Glasseidengewebehersteller.

Auf Grund dieser und anderer Erfahrungen läßt sich zur Durchsetzung des wiss.-techn. Fortschritts in der Industrie zusammenfassend folgendes feststellen:

— Der wissenschaftlich-technische Fortschritt in der Industrie wird dann am besten durchgesetzt, wenn die Interessen der zusammenarbeitenden Partner — also der Forschungseinrichtungen und Betriebe einer Kooperationskette — übereinstimmen und das gegenseitige Verständnis zu spezifischen Problemen vorausgesetzt werden kann.

— Die Effektivität der Durchsetzung des wissenschaftlich-technischen Fortschritts in der Industrie hängt maßgeblich von der langfristigen strategischen Orientierung für die Entwicklung der Produktion des betreffenden Industriezweiges ab als Voraussetzung für eine exakte wissenschaftlich-technische und ökonomische Zielstellung für eine kontinuierliche Forschungsarbeit; wichtig ist weiterhin eine gut koordinierte arbeitsteilige Bearbeitung von Forschungs- und Entwicklungsaufgaben (Basis: gemeinsames Pflichtenheft oder Arbeitsprogramm) und das rechtzeitige Präzisieren der Zielstellung zur Berücksichtigung neu auftretender wichtiger wirtschaftlicher oder technischer Fakten.

Die einzelnen, an einer F/E-Aufgabe arbeitenden Forschungseinrichtungen müssen noch besser inhaltlich zusammenarbeiten statt mit viel organisatorischem Aufwand Aufgaben und Verantwortlichkeiten gegeneinander „abzugrenzen" und vor allem unbedingt auf interdisziplinäres Zusammenwirken drängen, um auch Standpunkte und Meinungen zu objektivieren und erforderlichenfalls gemeinsame Stellungnahmen, Gutachten und Empfehlungen abfassen zu können.

— Spezifische Probleme bei der Nutzung des wissenschaftlich-technischen Fortschritts können sich bei ungenügender Klarheit und Zweckmäßigkeit der Planungs- und Organisationsmethoden im produktiven Bereich ergeben. Noch zu oft orientiert insbesondere die Kennziffer „Warenproduktion" nicht hinreichend im volkswirtschaftlichen Sinne, werden weitere Kennziffern, die insbesondere den wissenschaftlich-technischen Fortschritt stimulieren sollen, nicht genügend regulativ genutzt oder wirksam. Derartige Probleme treten häufig bei der Nutzung neuer Erkenntnisse bezüglich der Applikation auf. Vor allem müssen sich maßgebende Mitarbeiter der Forschungseinrichtungen mehr als bisher mit diesbezüglichen betrieblichen Planungs- und Organisationsfragen vertraut machen, sich eine klare objektive Analyse der vorhandenen Situation erarbeiten können und mit dazu beitragen, die genannten Hemmnisse im Interesse der Volkswirtschaft abzubauen.

— Zu den spezifischen Problemen gehören auch Qualität und Gebrauchswert der Erzeugnisse im Zusammenhang mit der Gebrauchswert-Kosten-Analyse und dem Preis/Leistungsverhältnis. Vor allem im Bereich der Konsumgüterproduktion ist eine exakte vergleichende Gebrauchswertbeurteilung oft noch von subjektiven Momenten beeinträchtigt, die die Durchsetzung des wissenschaftlich-technischen Fortschritts hemmen kann.

— Ausgehend von der Tatsache, daß Forschungsergebnisse in der Produktion besonders dann reibungsarm, in relativ kurzer Frist und mit gutem Effekt genutzt werden können, wenn dazu lediglich vorhandene technische Einrichtungen weiter zu entwickeln sind und keine generell neue Technik — gegebenenfalls noch verbunden mit umfangreichen Baumaßnahmen — installiert werden muß, ist die vorrangige Nutzung und Weiterentwicklung der vorhandenen Technik eine wichtige Orientierung für die naturwissenschaftlich und technologisch forschenden Wissenschaftler bei der Entscheidung über den zweckmäßigsten Lösungsweg.

— Die Überleitung von Forschungsergebnissen ist immer an gesicherte Technologien gebunden, was ein verstärktes Hinwenden zur technologischen Grundlagenforschung gebietet und dazu beiträgt, immer besser vor Instabilitäten in Verbindung mit der Produktionseinführung von F/E-Ergebnissen geschützt zu sein. Oder: Know how muß stets von einem hinreichenden Know why, das intensive Grundlagenforschung erforderlich macht, abgesichert sein. Was dabei zu tun ist, läßt sich insbesondere von Prozeßanalysen ableiten.

Abschließend möchte ich feststellen, daß im Zusammenhang mit der immer besser und langfristiger geplanten Forschungstätigkeit deren Charakter zwangsläufig komplexer werden muß. Das entspricht den Notwendigkeiten unseres hochentwickelten sozialistischen Industriestaates, der den wissenschaftlich-technischen Fortschritt schnell und reibungslos in seinen Betrieben nutzen will. Daß die realisierenden Kader in Industriebetrieben und Forschungseinrichtungen die erforderliche Qualifizierung und eine klare ideologische Grundhaltung zum Anliegen haben müssen, ist Ausgangspunkt aller Bemühungen. Dies um so mehr, da kein Vorhaben dem anderen gleicht und im Detail persönliche Initiative, Kreativität und politisches Engagement bei der möglichst schnellen Durchsetzung des wissenschaftlich-technischen Fortschritts erforderlich sind.

V. V. Boldyrev

Die Festkörperchemie und die Technologie

Als überzeugendes Beispiel dafür, welche Bedeutung die Grundlagenforschungen bei der Lösung angewandter Probleme haben und inwieweit die Wechselwirkung zwischen theoretischen und technologischen Untersuchungen von Wichtigkeit ist, dient die Entwicklung der Festkörperchemie. Die Festkörperchemie ist ein junger, aber sich schnell entwickelnder Zweig der physikalischen Chemie, dessen Hauptaufgaben sind, erstens die Aufklärung des Zusammenhanges zwischen der realen Struktur und den physikalisch-chemischen Eigenschaften des Festkörpers und zweitens die Untersuchung von Gesetzmäßigkeiten der Transportprozesse und der Phasenumwandlungen im Festkörper, die von chemischen Reaktionen begleitet werden.

Die Entwicklung der Grundlagenforschung auf dem Gebiet der Festkörperchemie ist an und für sich äußerst aktuell, weil wir bis heute noch sehr wenig wissen, wovon die Reaktionsfähigkeit der Festkörper abhängt, wie in den Festkörpern chemische Reaktionen verlaufen, welche Faktoren ihre Entwicklung in der Zeit und im Raum beeinflussen.

Aber diese Forschungsergebnisse sind nicht nur von hohem Erkenntniswert, sondern auch von großer Bedeutung für die Lösung der wichtigsten Aufgaben, die die moderne Technik an die Wissenschaft stellt, chemische Reaktionen in der festen Phase steuern zu können.

Warum wird auf dieses Problem der Steuerung von chemischen Reaktionen ein so großer Wert gelegt? Mit der Aufklärung von Festkörperreaktionen bestehen große Aussichten für die Intensivierung von vielen technologischen Prozessen.

Bekanntlich sind die meisten der vom Menschen benutzten Rohstoffressourcen der Umwelt — von Luft, Wasser, Erdöl u. a. abgesehen — Feststoffe. Auch die Endprodukte, die wir als Ergebnis von technologischen Prozessen erhalten, stellen größtenteils feste Stoffe dar. Aber fast alle technologischen Vorgänge zur Verarbeitung von Mineralrohstoffen schließen die Zwischenstadien ein, die mit dem Übergang des Stoffes in einen flüssigen oder gasförmigen Zustand verbunden sind (Lösen, Schmelzen, Verdampfen), sowie diejenigen Stadien, worin die Prozesse in umgekehrter Richtung verlaufen (Fällung, Kristallisation). Gerade diese Stadien erfordern sehr oft den größten ökonomischen Aufwand und verursachen oft die Umweltverschmutzung.

Warum sind wir auf diese Prozesse angewiesen? Aus dem einfachen Grunde, weil wir imstande sind, die chemischen Reaktionen in der flüssigen und gasförmigen Phase zu steuern. Für die festen Stoffe ist das aber noch nicht der Fall. Festphasenprozesse steuern zu können — und wir müssen sie beherrschen lernen — bedeutet daher zugleich auch die Möglichkeit, sowohl die technologischen Vorgänge von heute zu verbessern als auch die neuen, vollkommneren zu schaffen. Bei der Lösung der Fragen, die mit der Steuerung von chemischen Reaktionen in der Festphase verbunden sind, werden gewöhnlich 3 Hauptrichtungen von Forschungen gemeint.

1. Im einfachsten Fall kann uns die Aufgabe der Veränderung der Prozeßgeschwindigkeit oder die Ausbeute des Endproduktes interessieren, unabhängig davon, wie der Prozeß vor sich geht.
Es ist das einfachste und verbreiteste Verfahren, das im Laboratorium und in der Technik oft angewendet wird.

2. Viel komplizierter ist die Aufgabe der Regulierung der Reaktionsentwicklung im Raum. Das Endziel ist in diesem Falle, die Reaktion so zu beeinflussen, daß sie sich an derjenigen Stelle des Festkörpers und in diejenigen Richtungen im Raum entwickelt, wie wir es wollen.

3. Schließlich kann man sich die Aufgabe der gerichteten Regelung nicht nur der Reaktionsgeschwindigkeit oder der Lage der Reaktionsfront im Raum, sondern auch des Mechanismus der chemischen Reaktion selbst vorstellen, um verschiedene Produkte zu erhalten.

Gestatten Sie mir, an einigen Beispielen aus der Praxis unseres Instituts zu zeigen, wie diese Forschungsrichtungen verwirklicht werden.

I. Regelung der Reaktionsgeschwindigkeit

Wenn wir uns nur auf die Veränderung der Prozeßgeschwindigkeit beschränken wollen, so muß man zur Steuerung der Prozesse im Festkörper die Konzentration der Stellen erhöhter Aktivität ändern, der sogenannten potentiellen Zentren. Da diese Zentren meistens mit den Kristalldefekten verbunden sind, besteht die Forschungsaufgabe in der Untersuchung des Einflusses, den die Defekte auf die Reaktionsfähigkeit der Festkörper ausüben.

Mit diesen Untersuchungen beschäftigten wir uns. Die Forschungsergebnisse haben gezeigt, daß zwischen dem Mechanismus der chemischen Reaktion und dem Charakter des Einflusses von Defekten auf die Prozeßgeschwindigkeit ein bestimmter Zusammenhang besteht. Die Reaktionen, bei denen der eigentliche Akt der chemischen Umwandlung von lokaler Natur ist, werden hauptsächlich von denjenigen Kristalldefekten, z. B. Habitus, Vizinali usw., beeinflußt, die zur Veränderung des Verhältnisses zwischen der Oberfläche und dem Volumen führen.

Wenn der Prozeßmechanismus das Stadium der Ladungsübertragung im Kristallgitter auf viel größere als zwischenatomare Abstände einschließt, wird die Geschwindigkeit hauptsächlich von den Gitterdefekten beeinflußt (Leerstellen, Fremdionen, Zwischengitterionen).

Die Strategie der Regulierung besteht hier darin, mit Hilfe verschiedener Verfahren der Erzeugung von Kristalldefekten (wenn der Mechanismus des Prozesses bekannt ist) die Konzentration gerade derjenigen Kristalldefekte zu ändern, gegen die die Reaktion besonders empfindlich ist. Wie in der Tab. 1 gezeigt wird, kann man zu diesem Zweck das Herstellungsverfahren von Kristallen des festen Stoffes variieren, indem man sie dotiert, mechanisch vorbehandelt, auf sie mit verschiedenen chemischen Reagenzien einwirkt oder sie bestrahlt.

Tabelle 1
Das Auftreten von Kristalldefekten in Abhängigkeit von der Vorgeschichte des Festkörpers

Art der Einflußnahme	Defekte					
	des Kristalls				des Gitters	
	Oberfläche	Habitus	Ausscheidungen	Versetzungen	Fremdionen	Punktdefekte
Variation der Geschwindigkeit des Wachstums	+	+		+	+	+
Dotierung					+	+
physikalische Alterung				+		
chemische Alterung			+		+	
chemische Vorbehandlung			+			
Vorbehandlung mit Strahlung			+	+	+	+
mechanische Vorbehandlung	+		+	+		+

Es sei an einigen Beispielen gezeigt, wie die Reaktionsfähigkeit auf solche Weise verändert werden kann.

Zur Intensivierung der chemischen Prozesse unter Beteiligung von Festkörpern wird sehr oft ihre mechanische Bearbeitung benutzt. Da die letztere unter Einsatz der Apparatur erfolgt, die in der Regel für die Zerkleinerung bestimmt ist, so werden bis heute die chemischen Nachwirkungen der mechanischen Vorbehandlung auf das gewöhnliche Dispergieren und die Vergrößerung der Oberfläche des Kristallpulvers zurückgeführt.

Die Erfahrungen haben jedoch gezeigt, daß von der Gesamtenergie, die vom Festkörper gespeichert wird und seine Reaktionsfähigkeit erhöht, nur einige Prozent mit der Vergrößerung der Oberfläche zusammenhängen. Das übrige entfällt auf die Speicherung von Kristalldefekten. Daher soll auch der Apparat zur Intensivierung von Prozessen in der festen Phase nicht eine Mühle, sondern ein Aktivator sein. Die Hauptaufgabe des Aktivators ist die Herstellung von größtmöglichen Defektkonzentrationen in den Kristallen. Der Einsatz dieses Aktivators ermöglichte es, viele Festphasenprozesse weitgehend zu intensivieren und neue Wege der Lösung einiger technischer Aufgaben zu finden, z. B. bei der Herstellung von Phosphordüngemitteln.

Die phosphorhaltigen Rohstoffe sind bekanntlich Apatite und Phosphorite. Sie sind aber weder in Wasser noch in den im Boden enthaltenen Humussäuren löslich. Um sie in die lösbare Form — Superphosphat umzusetzen, muß man sie mit Schwefelsäure aufschließen. Dadurch besteht in Sibirien und im Fernen Osten die Aufgabe, nach neuen Verfahren der Verarbeitung von Phosphorerzen zu suchen, für die keine Säure benötigt wird. Gerade an einer solchen Variante der Herstellung von Düngemitteln arbeitet unser Institut gemeinsam mit dem Zentralinstitut für Physikalische Chemie in der DDR und dem Institut für Chemisierung der Landwirtschaft der Sibirischen Abteilung der WASCHNIL, der Allunionsakademie für Landwirtschaft.

Die Idee besteht in folgendem: Indem man Schubdeformationen im Gitter des Apatits hervorruft, kann man die Struktur so verzerren, daß zwischen den Calzium- und Phosphationen die Ionenbindung zunimmt und damit die Löslichkeit sich erhöht.

Im Ergebnis der mechanischen Behandlung kommt es tatsächlich zur starken Erhöhung der Löslichkeit von Apatiten und Phosphoriten in Lösungen der Zitronensäure — als Modellsubstanz für Huminsäuren. Das ist in den Fällen besonders wichtig, wenn wir es mit den schwer zu erschließenden Formen zu tun haben.

Die vom Institut für Chemisierung der Landwirtschaft durchgeführten Untersuchungen an Weizen und dem Institut für Landwirtschaft in Primorje vorgenommenen Untersuchungen an Soja zeigten, daß die mechanisch bearbeiteten Apatite tatsächlich das Superphosphat ersetzen können.

Diese Resultate zeugen unseres Erachtens nicht nur von den Möglichkeiten der Festkörperchemie, sie sind auch ein Beispiel einer erfolgreichen Zusammenarbeit der Wissenschaftler unserer Länder (der Sowjetunion und der DDR) bei der Lösung eines wichtigen Problems, das von großer wissenschaftlicher und volkswirtschaftlicher Bedeutung ist.

II. Steuerung der Entwicklung von Festkörperreaktion im Raum

Wenn wir von der Entwicklung einer chemischen Reaktion im Raum sprechen, stützen wir uns auf die klassische Theorie der Phasenumwandlungen. Wenn aber diese Theorie für die chemischen Reaktionen verwendet wird, vermag sie sehr oft die ganze Kompliziertheit der dabei verlaufenden Prozesse nicht zu beschreiben. Deshalb muß man neue Vorstellungen über die Entfaltung der Reaktion im Raum entwickeln, die die Spezifik dieser Prozesse in der festen Phase berücksichtigen.

Wie kann man sich nun die Entwicklung der chemischen Reaktionen in der festen Phase im Raum vorstellen? Das läßt sich mit Hilfe eines in Abb. 1 dargestellten Schemas denken. Nehmen wir denjenigen Punkt im Kristall, wo die Reaktion schon begonnen hat. Bringen wir ihn in den Koordinatenursprung, wobei wir auf die Ordinate die Reaktionsfähigkeit und auf die Abszissenachse den Abstand dieses Punktes über die Oberfläche des Kristalls auftragen. Es lassen sich drei Fälle realisieren.

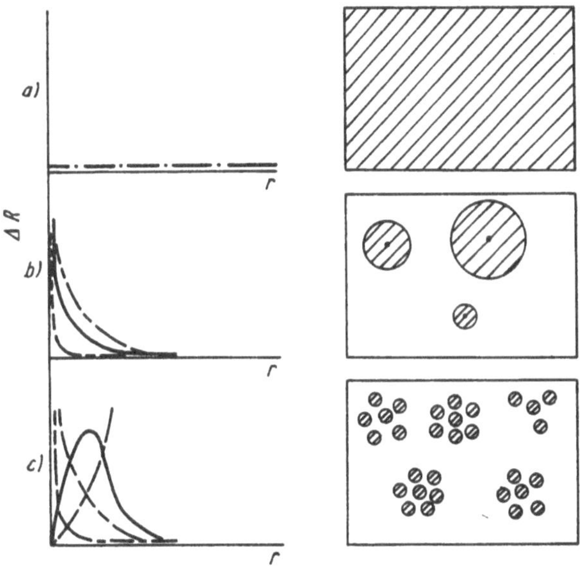

Abb. 1 Möglichkeiten der Autolokalisation. a) keine Autolokalisation; b) bei dominierendem Keimwachtsum; c) bei erhöhter Keimbildungswahrscheinlichkeit in der Nähe von alten Keimen

a) Im Verlauf der Reaktion erfolgt keine Regeneration der aktiven Zentren. Die Autolokalisation findet in diesem Falle nicht statt, und die Kurve stimmt einfach mit der Abszissenachse überein.
b) Die Regeneration der aktiven Zentren erfolgt auf Kosten einiger Faktoren, die sich an der Phasengrenze auswirken. In diesem Falle wird der Prozeß von der Autolokalisation begleitet, d. h. die Reaktion wird durch das Keimwachstum realisiert.
c) Wenn von einigen Faktoren, die sich an der Phasengrenze auswirken, die einen zur Erhöhung der Reaktionsfähigkeit führen und die anderen dagegen sie herabsetzen, so wird das Maximum der resultierenden Kurve nicht auf die Ordi-

natenachse entfallen, sondern es wird sich nach rechts verschieben. Dann wird sich die Autolokalisation des Prozesses nicht im Keimwachstum, sondern im Auftreten neuer Keime in der Nähe der sich schon gebildeten — der sogenannten „Häufung" — bemerkbar machen.

Wenn wir wissen, welche Erscheinungen wir nach dem Reaktionsbeginn erwarten können, so können wir unter Anwendung dieses vereinfachten Schemas viele experimentelle Tatsachen erklären und in einigen Fällen sogar die Topographie der Reaktionsentwicklung voraussagen. Ich möchte ein Beispiel anführen, wie das alles im Versuch realisiert wird. Wenn man ein Kristall von Kaliumbromid nimmt und darauf Chlor einwirken läßt, dann kommt eine chemische Reaktion zustande, in deren Verlauf Brom durch Chlor verdrängt wird und Kaliumchlorid und Bromgas entstehen. Vom Standpunkt der klassischen Chemie gesehen, gibt es hier nichts Interessantes, aber für die Festkörperchemie ist diese Reaktion in der Hinsicht interessant, daß der Prozeß nicht an der ganzen Oberfläche, sondern an den einzelnen aktivsten Stellen beginnt — das heißt, es findet eine Lokalisation statt — es bilden sich die Keime, die dann zu wachsen beginnen — d. h. es kommt eine Autolokalisation zustande, die dem Fall b im Schema entspricht, das wir eben vorgeführt haben.

Was ist nun die Ursache der Lokalisation? Wenn man ein Kristall von Bromid zerspaltet und die entstandenen Spaltungsflächen anschließend mit Chlor bearbeitet, dann stellt es sich heraus, daß die Zentren, wo die Reaktion entstand, spiegelsymmetrische Reflexionen bilden. Wir wissen, daß es als Nachweis dafür angesehen werden kann, daß die Anfangszentren der Reaktion Versetzungen sind — die Stellen, wo die Absorption von Chlor vor allem erfolgt und wo es leichter ist, eine Produktschicht anzubringen. Nachdem wir festgestellt haben, daß sich der Keim auf Kosten der Versetzungen bildet, müssen wir aufklären, warum sie wachsen. Es lag nahe anzunehmen, daß im Laufe der Reaktion jene aktiven Zentren reproduziert werden, an denen die Reaktion beginnt, d. h. die Versetzungen.

Aber wodurch können nun neue Versetzungen entstehen? Sie können z. B. auf Kosten der Spannung an der Grenze der Phasen — der neuen und der alten — entstehen, weil die Molvolumina des sich bildenden Produktes und der festen Ausgangsphase unterschiedlich sind.

Diese Spannungen können experimentell nachgewiesen werden. Da das Bromid im kubischen System kristallisiert, kann jede Deformation des Kristalls nach der Absorption des polarisierten Lichtes festgestellt werden. In der den Keim umgebenden Zone bestehen tatsächlich diese elastischen Deformationen. Unseren Berechnungen entsprechend ist die Größe dieser Schubspannungen zwei- bis dreimal größer, als es für die Bildung der Versetzungen an der Phasengrenze notwendig ist.

Davon zeugt auch das Experiment. Wenn die Spaltungsfläche an der Phasengrenze mit einem Ätzmittel bearbeitet wird, mit dessen Hilfe die Versetzungen festgestellt werden, sieht man, daß die Dichte der Versetzungen in der Nähe der Phasengrenze zunimmt.

Welche Vorteile bietet uns schon heute die gerichtete Regelung der Reaktionen im Raum?

Sie bringt uns großen Nutzen. Selbst wenn wir die Reaktion im vorgegebenen Punkt nur initiieren, d. h. ihre Entwicklung im Raum nur im Anfangsstadium regulieren können, erlaubt das, wichtige technische Aufgaben zu lösen, wie z. B. die Informationsaufnahme mit Hilfe der topochemischen Reaktion. Wenn man die topochemische Reaktion mit Licht initiiert, so erhält man photographisches Material, wobei ein und dieselben Faktoren gleichzeitig für die Autolokalisation des Prozesses und für die rein technischen Parameter der photographischen Systeme wie Kontrastfaktor, Empfindlichkeit, Belichtungsspielraum verantwortlich sind.

Dementsprechend wurde nach Systemen gesucht, wo der photographische Prozeß auf Kosten topochemischer Reaktionen verläuft, unter anderen solcher, wo das teure und nicht genügend angebotene Silber nicht benutzt wird. Die Anwendung der Theorie der topochemischen Prozesse läßt sich nicht nur für die Schaffung photographischer Mittel, sondern auch neuer Mittel für die Magnettonaufnahme, gedruckter Schaltungen u. ä. anwenden.

Die Ergebnisse von theoretischen Forschungen über den Mechanismus der Prozesse der Lokalisation und Autolokalisation bei topochemischen Reaktionen haben sich sowohl für die Praxis — zu Zwecken der Informationsaufzeichnung — als auch für die Theorie als nützlich erwiesen.

Gerade die Nutzanwendung gab Anregungen für die Entwicklung von Forschungen über den Mechanismus verschiedener topochemischer Reaktionen mit einer deutlich ausgeprägten Lokalisation des Prozesses und ermöglichte es, neue Faktoren zu entdecken, die für die Entwicklung der Reaktion im Raum verantwortlich sind.

Verlockende Aussichten werden sich eröffnen, wenn es gelingt, die Reaktionsentwicklung nicht nur im Anfangsstadium, sondern auch in den nachfolgenden Stadien des Prozesses zu regeln.

In der Sprache der Topochemie bedeutet das den Übergang von der Steuerung der Keimbildung zu der Steuerung des Keimwachstums.

Die Realisierung der Regelung auf solchem Niveau wird es ermöglichen, das Stadium der Stoffherstellung und das der Formung des Erzeugnisses aus diesem Stoff zu einem Stadium zu vereinigen, was als Ansporn zur Schaffung neuer technologischer Prozesse, die einfacher und wirtschaftlicher im Vergleich zu den herkömmlichen Prozessen sind, dienen kann.

III. Regelung des Mechanismus der Reaktionen, die in fester Phase ablaufen

Während bei der Regelung der Geschwindigkeit der Festphasenreaktionen bestimmte Fortschritte gemacht wurden und sich Erfolge auf dem Gebiet der Regelung der Entwicklung von Festphasenreaktionen im Raum abzeichnen, so werden hinsichtlich der Regelung des Mechanismus dieser Prozesse nur die ersten Schritte gemacht.

Aber es sind schon die ersten interessanten Angaben gewonnen. Es zeigte sich, daß der Mechanismus einiger Reaktionen verändert werden kann, wenn die Bedingungen der Anregung des Prozesses verändert werden. So kommt die thermische Zersetzung von Nitraten als Ergebnis einer Anregung zustande, wenn man so sagen kann, einer Erhitzung der Schwingungszustände des Nitrations. Bei der thermischen Zersetzung, bei der die Energie von Vibronen nicht groß ist, wird in der Regel die in Abb. 2 links dargestellte Methode der Anregung des Nitrations realisiert.

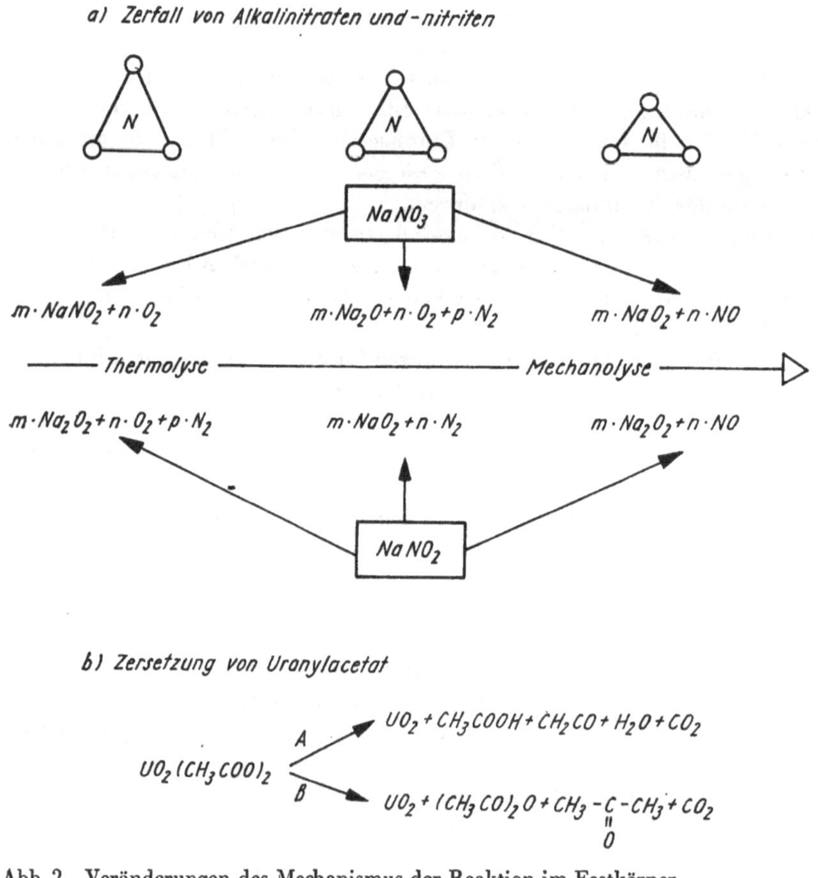

Abb. 2 Veränderungen des Mechanismus der Reaktion im Festkörper

Im Ergebnis dieser Anregung wird natürlich die Abspaltung von Sauerstoff beobachtet (Abb. 2 a).

Aber es gibt auch andere Verfahren der Anregung der Vibronen-Zustände, so z. B. die rechts dargestellte Methode. Als Ergebnis solcher Deformation bildet sich das Stickoxyd. Bei der gewöhnlichen Erhitzung läßt sich dieser Weg nicht realisieren — die Vibronen sind zu schwach. Aber wenn das System in extreme Bedingungen übergeführt wird, unter denen auch hochliegende Vibronen-Zustände auftreten, so läßt sich solcher Reaktionsweg realisieren.

Man kann diesen Prozeß verwirklichen, wenn die Zersetzung an Stellen der Energiekonzentration durchgeführt wird, d. h. in der Nähe der Spitze eines Risses bei Bruchprozessen.

Es wurde sogar nachgewiesen, daß man durch die Veränderung der Geschwindigkeit der Bewegung des Risses von einem Mechanismus zum anderen übergehen kann.

In Einklang mit diesen Angaben stehen die im Zentralinstitut für physikalische Chemie der AdW der DDR gewonnenen Forschungsergebnisse über den Einfluß der Kupferbeimengung auf die mechano-chemische und thermische Zersetzung von Silberoxalat. Es ist auch die Arbeit, die wir gemeinsam durchführen.

Wird bei der Reaktion der thermischen Zersetzung das feste Produkt gebildet — das die sekundären Reaktionen in der Gasphase zu katalysieren vermag — wie Prof. Rienäcker gezeigt hat — so kann die Veränderung von Bedingungen der Entfernung der gasförmigen Produkte auch zur Veränderung der Zusammensetzung der sich im Laufe der Reaktion bildenden Produkte führen.

Ein ähnlicher Fall ist die thermische Zersetzung von Uranyl-Azetat, die in unserem Institut von Dr. Alexandrov gemeinsam mit dem Laboratorium von Akademiemitglied V. I. Spizin untersucht wurde (Abb. 2 b).

Die in dieser Arbeit entwickelte Methodik, die die Impulsheizung der Probe in der Ionen-Quelle und die Anwendung des Flugzeit-Spektrometers vereint, ermöglichte es, die Kinetik von sekundären Reaktionen genauer zu verfolgen und die früher unbekannten Zwischenprodukte nachzuweisen.

Wie man aus dem Überblick sieht, den ich eben gegeben habe, ist die Regelung der chemischen Reaktionen in fester Phase eine spezifische und komplizierte Aufgabe. Trotzdem ermöglicht es die weitere Entwicklung dieser wissenschaftlichen Richtung, wesentliche Fortschritte auf dem Gebiet der Festkörperchemie zu erzielen.

Auf dem Gebiet der Theorie gilt es vor allem, im Verständnis des Mechanismus chemischer Reaktionen in der festen Phase voranzukommen, was die weitere Entwicklung der kinetischen Untersuchungen unbedingt fördern soll. Die Entwicklung dieses Gebietes wird zweifellos ermöglichen, neue Wege bei der Lösung der wichtigen angewandten Probleme anzudeuten, unter anderem

1. die Aufgaben, die mit der Verarbeitung der Mineralrohstoffe verbunden sind, effektiver zu lösen;
2. zur Schaffung neuer Stoffe und neuer technologischer Prozesse zu gelangen.

G. K. Boreskow

Zur Beschleunigung der Realisierung der wissenschaftlichen Errungenschaften in der Industrie

Die auf dieser Versammlung zu besprechende Frage hat zweifellos eine große Bedeutung. Die Verzögerung bei der Realisierung der wissenschaftlichen Ausarbeitungen führt zu beträchtlichen Verlusten, deren Umfang schwer zu schätzen ist. In dem Hauptvortrag von Professor G. Keil ist eine richtige Analyse des Wesens dieses Problems gegeben und sind die Wege zu seiner Lösung angedeutet. In meinem Bericht werde ich versuchen, einige Empfehlungen zu formulieren, die aus den Erfahrungen bei der Entwicklung von neuen Katalysatoren und katalytischen Prozessen in der chemischen und erdölverarbeitenden Industrie der UdSSR resultieren.

Die folgenden zwei Grundsätze sind, meiner Meinung nach, von entscheidender Bedeutung:

1. Die Vertiefung der Laboruntersuchungen und deren mathematische Bearbeitung mit dem Ziel der Verringerung der Zahl maßstabsvergrößerter Stufen bei dem Studium und der Auswahl einer optimalen technologischen Lösung.
2. Die Zusammenarbeit der Forscher aus den akademischen und Betriebslaboratorien in möglichst frühen Etappen der Ausarbeitung von Themen, die vielversprechend hinsichtlich ihrer praktischen Anwendung sind.

Für den ersten Satz ist eine Erweiterung des Umfanges der Laboruntersuchungen erforderlich, um eine möglichst große Zahl der für eine mathematische Beschreibung des zu entwickelnden Prozesses notwendigen Angaben zu erhalten. Das führt zu einer beträchtlichen Erleichterung und Beschleunigung des Einsatzes in der Industrie, indem man die Versuche in Pilot- und Versuchsanlagen in großem Maße durch Modellversuche auf Rechnern ersetzt. Die mathematische Modellierung wurde im Institut für Katalyse der Akademie der Wissenschaften der UdSSR zusammen mit dem Korrespondierenden Mitglied der Akademie M. G. Slinko und einer großen Gruppe von Mitarbeitern entwickelt. Das Wesen dieser Methode besteht in der Aufstellung einer mathematischen Beschreibung des untersuchten Prozesses und der Analyse der Lösungen entsprechender Gleichungssysteme unter Ergänzung durch Anfangs- und Grenzbedingungen.

Die mathematische Beschreibung der heterogen-katalytischen Prozesse schließt die Kinetik der chemischen Umwandlung sowie die Gesetzmäßigkeiten im Ablauf der Stoff- und Wärmetransportprozesse im Katalysatorkorn und in den Katalysatorschichten sowie in den Wärmeaustauschern ein. Das erfordert einen beträchtlichen Umfang von experimentellen Untersuchungen, besonders bei der Untersuchung der chemischen Umwandlungen. Dabei reicht es oft nicht aus, wenn man sich auf eine stationäre Kinetik beschränkt, sondern es ist notwendig, die Kinetik der Katalysatorveränderung während der Veränderung der Zusammensetzung des Reaktionsgemisches und den Einfluß dieser Veränderungen auf die katalytischen Eigenschaften des Katalysators zu untersuchen. Das erfordert einen großen Umfang von Laboruntersuchungen, aber dadurch wird der nachfolgende Einsatz in der Industrie erleichtert. Mit Hilfe der mathematischen Beschreibung können die Aufgaben gelöst werden, die mit der Auswahl des technologischen Schemas der katalytischen Prozesse, der optimalen Bedingungen der Durchführung dieses Prozesses, der Größe und der Form des Katalysatorkorns und der Konstruktion des Reaktors sowie mit dem Erreichen einer stabilen Arbeit des Reaktors, der automatischen Steuerung und mit vielen anderen Problemen verbunden sind.

Als Beispiel sei die mathematische Beschreibung der Oxydation von Methanol und Formaldehyd angeführt. Diese Beschreibung schließt kinetische Gleichungen der Bildung von Formaldehyd und seiner vollständigen Oxydation, die Temperaturabhängigkeit der Reaktionsgeschwindigkeitskonstanten dieser Stufen, den Stoffaustausch innerhalb des Katalysatorkorns und den Wärmeaustausch in den Reaktorrohren für den Fall der Anwendung eines Oxydkatalysators in der Kornform ein. Die Analyse der mathematischen Beschreibung hat gezeigt, daß die höchste Temperatur, bei der die katalytischen Eigenschaften des Katalysators erhalten bleiben, die optimale Temperatur ist. Es wurden die zweckmäßigste Konstruktion des katalytischen Reaktors (eine Kombination von Rohren und einer adiabatischen Schicht), die Optimalmenge und die Abmessungen der Katalysatorkörner in beiden Schichten, die Effektivität und andere Parameter ermittelt. Das erlaubte in kurzer Zeit, diesen Prozeß in der Industrie zu realisieren.

Die Sache wird komplizierter, wenn sich der Katalysator während der Durchführung des Prozesses in nichtstationärem Zustand befindet. Als Beispiel kann die Oxydation von Propylen zu Akrylsäure in der Wirbelschicht des Katalysators auf der Basis von Kobaltmolybdat dienen. In diesem Fall hängen die Zusammensetzung und die Eigenschaften des Katalysators von der Zusammensetzung des Reaktionsgemisches ab, wie aus den kinetischen Gleichungen der mathematischen Beschreibung ersichtlich ist. Die kinetischen Konstanten sind Funktionen vom Reduktionsgrad der Katalysatoroberfläche, die wiederum eine Funktion der Reaktionsgemischzusammensetzung ist.

Das Reaktionsgemisch durchläuft die Wirbelschicht unter Bedingungen der idealen Verdrängung, während die Katalysatorkörner entlang des Reaktors intensiv durchmischt werden und ihre Zusammensetzung in bezug auf die Zusammensetzung des sie bespülenden Reaktionsgemisches in beliebigem Querschnitt nicht stationär ist. Dadurch kann es möglich sein, daß der Reaktor mehrere stationäre Zustände mit wesentlich verschiedenen Arbeitsparametern hat. Die vorläufige Analyse der mathematischen Beschreibung macht es möglich, stabile und effektivste Bedingungen auszuwählen.

Man darf aber nicht denken, daß die mathematische Modellierung die Untersuchungen in den Versuchsanlagen unnötig macht. Viele Parameter, wie z. B. Bildung geringer Mengen von Nebenstoffen, die die Eigenschaften des Endproduktes beeinflussen, die Korrosionsbeständigkeit der Werkstoffe, thermische und mechanische Beständigkeit des Katalysators können nicht berechnet werden. Zu ihrer Ermittlung sind größere Dauerprüfungen in den Versuchsanlagen notwendig. Aber auch in diesen Fällen erlaubt die mathematische Modellierung, die Zahl der Etappen von Testversuchen zu verringern und die umfangreichen nützlichen Informationen, die für die Projektierung der Industrieanlagen notwendig sind, auf dem kürzesten Wege zu ermitteln.

Die Bedeutung des zweiten Grundsatzes wird durch die Gefahr von Zeitverlusten zwischen den einzelnen Etappen der Prozeßentwicklung — Laboruntersuchungen, größere Testversuche und Projektierung von Industrieanlagen — bestimmt. Diese Zeitverluste können vermieden werden, indem man sofort nach der Feststellung der Möglichkeit des praktischen Einsatzes der durchgeführten Grundlagenuntersuchungen die Mitarbeiter der Betriebsinstitute und Projektierungseinrichtungen und später auch der Industriebetriebe, in welchen der Einsatz erfolgen soll, an die Arbeit der akademischen Institute heranzieht. Die bequemste Form einer solchen Zusammenarbeit, die in weitem Umfang im Institut für Katalyse angewandt wird, ist die Schaffung von Komplexbrigaden, in denen die Forscher des Instituts für Katalyse zusammen mit den Mitarbeitern der Forschungs- und Projektierungseinrichtungen aus der Industrie nach einem gemeinsam aufgestellten Plan arbeiten und regelmäßig zur Besprechung der Ergebnisse und Korrektur des Arbeitsprogramms zusammenkommen. Diese Organisation der Zusammenarbeit ermöglicht eine schnelle Anwendung der Ergebnisse der Laboruntersuchungen bei der Maßstabvergrößerung und bei der Projektierung und gewährleistet die Rückkopplung, durch die eine Korrektur der Richtungen der Laboruntersuchungen entsprechend der technologischen Ausarbeitungen ermöglicht wird.

Im wissenschaftlichen Zentrum der Sibirischen Abteilung der Akademie der Wissenschaften der UdSSR in Nowosibirsk entstand auch eine andere Form der Zusammenarbeit zwischen den akademischen Instituten und der Industrie. Es wurden Spezial-Konstruktionsbüros geschaffen, die in der Nähe des Akademgorodoks liegen und eine doppelte Unterstellung haben. Von der wissenschaftlichen Seite sind diese Büros den Instituten der Sibirischen Abteilung unterstellt und von der finanziellen und wirtschaftlichen Seite den Ministerien der jeweiligen Industriezweige. Auf dem Gebiet der Arbeit des Instituts für Katalyse wurde das Spezial-Konstruktionsbüro „Katalysator“ geschaffen, das dem Ministerium für chemische Industrie unterstellt ist. Die Aufgabe dieses Büros besteht in der technischen Realisierung aller Ausarbeitungen des Instituts für Katalyse und anderer Institute der Sibirischen Abteilung. Zu den Aufgaben des Spezial-Konstruktionsbüros „Katalysator“ gehören die Entwicklung der Technologie der vom Institut für Katalyse vorgeschlagenen Katalysatoren, die Herstellung von Versuchsmengen von Katalysatoren zur Prüfung unter Betriebsbedingungen, die Prüfung der Apparatur zur Herstellung von Katalysatoren, die Konstruktion von Anlagen zur Ausprüfung von Katalysatoren sowie die Entwicklung von katalytischen Reaktoren für verschiedene Prozesse der chemischen Industrie nach den Empfehlungen des Instituts.

Die Tätigkeit des Spezial-Konstruktionsbüros „Katalysator“ trug zur Beschleunigung des technischen Einsatzes von Katalysatoren zur Oxydation, Polymerisation und Abproduktenreinigung, von Trägern auf der Basis von Aluminiumoxyd und anderer Ausarbeitungen des Instituts für Katalyse bei. Es muß jedoch bemerkt werden, daß die doppelte Unterstellung zu vielen Schwierigkeiten führt, die bisher nicht beseitigt werden konnten. Hoffentlich wird es gelingen, dieses Problem in der Zukunft zu lösen.

Abschließend möchte ich auf die Möglichkeiten der Beschleunigung der Realisierung der wissenschaftlichen Errungenschaften eingehen, die durch die Zusammenarbeit der sozialistischen Länder eröffnet werden. Diese Zusammenarbeit erlaubt die Erfahrungen und Ausrüstungen aller Länder auszunutzen. Eine gewisse Arbeit in dieser Richtung wird im Rahmen des Koordinierungszentrums für technische Katalysatoren der RGW-Länder durchgeführt. Als Beispiel kann die Zusammenarbeit zwischen dem Institut für Katalyse und dem VEB Leuna-Werke „Walter Ulbricht“ auf dem Gebiet der Herstellungsmethoden von aktivem Aluminiumoxid und Katalysatoren auf seiner Basis erwähnt werden, die zu konkreten und erfolgreichen Resultaten geführt hat. Es muß jedoch erwähnt werden, daß die durch die Zusammenarbeit der RGW-Länder eröffneten Möglichkeiten noch in sehr geringem Umfang ausgenutzt werden.

Ich möchte den Wunsch äußern, daß die Zusammenarbeit der RGW-Länder, insbesondere zwischen der DDR und der UdSSR, in dieser Richtung sich verstärken möge. Ich bin sicher, daß dadurch beträchtliche Erfolge bei der Entwicklung der chemischen und erdölverarbeitenden Industrie beider Länder erzielt würden.

N. M. Emanuel

Diskussionsbeitrag

Es sollten die Bemühungen des Forschungsbereiches Chemie der AdW der DDR um die weitere Entwicklung der Zusammenarbeit von Chemikern sozialistischer Länder hoch anerkannt werden. Diese finden ihren Ausdruck in der Einberufung der gemeinsamen Klassensitzung der Akademie der Wissenschaften der DDR mit auswärtigen Mitgliedern der AdW der DDR und Vertretern der AdW sozialistischer Länder.

Die Klassensitzung ist Fragen der langfristigen Entwicklungsstrategie der chemischen Wissenschaft und der Produktion auf der Grundlage von Errungenschaften der Wissenschaft sowie Überführungsproblemen gewidmet.

Im Zusammenhang damit möchte ich sagen, daß die Wissenschaftler der sozialistischen Länder nunmehr zur Beratung solcher Probleme gut vorbereitet sind.

Wir verfügen über langjährige Erfahrungen zu bilateralen und multilateralen Vereinbarungen zwischen den Akademien sozialistischer Länder, wir haben auch Erfahrungen gesammelt bei der Lösung von wissenschftlich-technischen Problemen auf der Ebene des RGW.

Man braucht sich nur an die erfolgreiche Entwicklung der multilateralen Zusammenarbeit zu solchen Problemen wie „Hochmolekulare Verbindungen", „Kinetik und Katalyse" zu erinnern.

Über die erfolgreiche Zusammenarbeit zur Lösung physikalisch-chemischer Probleme hat Akademiemitglied W. Schirmer in seinem Vortrag bereits gesprochen. Ein solches Institut der AdW der DDR wie das ZIOC hat mit 8 chemischen Instituten der AdW der UdSSR, den AdW der Ukrainischen und Armenischen SSR 13 Verträge über die Durchführung gemeinsamer Forschungsarbeiten aufzuweisen.

Im Ergebnis dessen sind wir gegenwärtig gut auf die gemeinsame Bearbeitung von speziell ausgewählten Problemen — die große Bedeutung für die Praxis haben würden — auf der Basis einer guten Koordinierung und einer rationellen Arbeitsteilung zwischen den sozialistischen Ländern vorbereitet.

Die AdW der DDR hat Thesen vorbereitet, die die Diskussion der organisatorischen Fragen der Weiterentwicklung von Wissenschaft und Praxis erleichtern werden. Als eine Hauptthese wird der Gedanke ausgesprochen, wie wichtig eine langfristige Strategie der Entwicklung der Produktion und der Grundlagenforschung, die diese Entwicklung zu sichern hat, ist. In der UdSSR wird dieser Frage außerordentlich große Bedeutung beigemessen.

Zu Beginn eines jeden neuen Planjahrfünfts legt die Akademie der Wissenschaften der UdSSR ein Buch unter dem Titel „Die Hauptrichtungen der Forschung auf dem Gebiet der Natur- und Gesellschaftswissenschaften“ vor. Das ist eine hervorragende Grundlage für die Forschungsplanung. Dieses Buch wird regelmäßig den Akademien der Wissenschaften sozialistischer Länder zugestellt. Weiterhin werden von den Gelehrten der AdW der UdSSR langfristige Prognosen der Entwicklung konkreter Wissenschaftsgebiete erarbeitet. Schließlich wurden, was besonders wichtig ist, zum XXV. Parteitag der KPdSU die „Komplexprogramme des wissenschaftlich-technischen Fortschrittes und seiner sozialökonomischen Folgen“ vorbereitet. Die Arbeit an diesen Komplexprogrammen wird auch nach dem Parteitag fortgesetzt.

In den Thesen wird des weiteren die Notwendigkeit unterstrichen, die Arbeiten der AdW, der Hochschuleinrichtungen und der Industrie zu koordinieren. In der UdSSR haben wir große Erfahrungen bei dieser Koordinierung. In seiner Rede auf dem XXV. Parteitag der KPdSU hat der Generalsekretär des ZK der KPdSU Genosse L. I. Breshnew erklärt, daß die Partei die Rolle der Akademie der Wissenschaften der UdSSR als das Zentrum der theoretischen Forschung und als Koordinator der gesamten wissenschaftlichen Arbeit im Lande hoch bewertet. Die Forschungskoordinierung erfolgt über die Wissenschaftlichen Räte der Akademie der Wissenschaften der UdSSR zu allen wichtigen Problemen. Die Anzahl dieser Räte ist groß genug; sie vereinen Vertreter aus Forschungsinstituten und der Industrie, dadurch ist die Möglichkeit einer guten Information über Ergebnisse in unterschiedlichen Organisationen gegeben. Eine große Rolle bei der Vermittlung von Erfahrungen und zum Austausch von Information spielte die im Januar 1976 auf Initiative des Forschungsbereiches „Allgemeine und technische Chemie“ einberufene Zusammenkunft aller akademischen Sekretäre der chemischen Forschungsbereiche in den AdW der Unionsrepubliken.

Die wichtigste Form der Durchführung gemeinsamer Arbeiten ist jedoch die Zusammenarbeit der AdW der UdSSR mit dem Ministerium für chemische Industrie (Gen. L. A. Kostandow) und dem Ministerium für petrolchemische und erdölverarbeitende Industrie (Gen. W. S. Fjodorow). Wir stellen Pläne der gemeinsamen Arbeiten auf, die als gemeinsame Auflagen der Ministerien und Anordnungen des Präsidiums der AdW der UdSSR gestaltet sind.

Die Erfüllung der Aufgaben, vor allem jener, die der Überführung in die Praxis am nächsten sind, wird von einer gemischten Kommission der beteiligten leitenden Einrichtungen kontrolliert; Leiter dieser Kommission ist Akademiemitglied V. I. Spizin.

Die Überführung selbst wird von Komplexbrigaden verwirklicht, die in der Regel aus Mitarbeitern von Akademie- und Industriezweiginstituten sowie aus der Industrie zusammengesetzt sind. Das sichert die effektive Teilnahme von Akademieangehörigen in der Überführung.

Auf diese Weise liegen also auch Erfahrungen vor, was die Mitwirkung von

Grundlagenforschungseinrichtungen bei der Überführung betrifft, wovon in den Thesen der AdW der DDR ebenfalls die Rede ist.

Man muß auch einverstanden sein mit dem Gedanken, der in den Thesen ausgesprochen wird, daß leider noch zu selten aus den Ergebnissen der Grundlagenforschung prinzipiell neue Lösungen für die Schaffung neuer hocheffektiver technologischer Prozesse (und Verfahren) resultieren.

Ebenso richtig ist, daß die Verantwortung der Industriebetriebe für den wissenschaftlich-technischen Fortschritt unbedingt erhöht werden muß. Das bezieht sich in vollem Maße natürlich auch auf die Institute, die mit Grundlagenforschung befaßt sind. Es hat sich als ganz nützlich erwiesen, wenn man auch in den Instituten mit Grundlagenforschungsprofil technologische Arbeiten laufen hat.

Der qualitativen Seite der Sache ist dabei umfassend Aufmerksamkeit zu widmen, z. B. daß durch Überführungen neuer technologischer Prozesse der Umweltschutz garantiert wird u. a. m.

Gegenwärtig ist das Wichtigste, eine begrenzte Anzahl besonders aktueller Probleme herauszufinden, um sie auf der Basis der Arbeitsteilung gemeinsam von den Wissenschaftlern sozialistischer Länder bearbeiten zu lassen.

In diesem Zusammenhang möchte ich an den Brief des Präsidenten der AdW der UdSSR, A. P. Aleksandrow, an den Präsidenten der AdW der DDR, H. Klare, über die Dringlichkeit von Arbeiten zum Problem der komplexen Nutzung von Rohstoffen, speziell organischer Rohstoffe, erinnern. Unser Forschungsbereich Allgemeine und technische Chemie in der UdSSR und der Forschungsbereich Chemie der AdW der DDR haben vereinbart, daß mit der Vorbereitung solcher Arbeiten zum Problem „Direktoxydation von Kohlenwasserstoffen“ und „Pyrolyse“ begonnen werden soll. Es sind die organisatorischen Formen zur Durchführung dieser Vorbereitungsarbeiten beschlossen worden.

Das Interesse an den Problemen der rationellen Rohstoffnutzung ist gegenwärtig weltweit. Diesem Problem wird speziell die Konferenz „Chemrawn“ in Toronto (Kanada) 1978 gewidmet sein. Es wird sicher für die Vertreter sozialistischer Länder nützlich sein, an dieser Konferenz teilzunehmen.

Gegenwärtig sind wir alle bereit, mit der konkreten Arbeit zu beginnen, auf deren Erfolg wir fest vertrauen.

W. Fratzscher

Die Einheit von angewandter und Grundlagenforschung bei der Anwendung technisch-wissenschaftlicher Ergebnisse

In der technischen Forschung ist es in vielen Fällen überhaupt nicht möglich, zwischen Grundlagen- und angewandter Forschung zu unterscheiden. Die Überführung und Anwendung bekannter Grundprinzipien ist ihrem Wesen nach angewandte Forschung oder schon Entwicklung; bei dieser Anwendung stößt man aber auch rasch auf Probleme, deren Lösung Beiträge zur Entwicklung der Grundlagenforschung liefert. Das ist in der Dialektik der Kette Wissenschaft—Technologie—Produktion begründet, deren Wechselwirkungen nicht nur in der Richtung von der Wissenschaft zur Produktion erfolgen, sondern auch starke Impulse von der Produktion auf die Wissenschaft erforderlich sind. Man denke hier nur an das Wort von F. Engels, daß ein praktisches Bedürfnis die Wissenschaft stärker vorantreibe als 10 Universitäten. In den Diskussionsbemerkungen von M. Rätzsch waren hierzu einige instruktive Beispiele genannt worden. Unter diesen Gesichtspunkten sollen im folgenden darüberhinaus noch einige Erfahrungen mitgeteilt werden, die die eingangs zitierte These von der engen Verflechtung von Grundlagen- und angewandter Forschung bei der unmittelbaren praktischen Nutzung illustrieren.

1. Bei der Entwicklung der Kerntechnik zur industriellen Reife waren nach der Beherrschung der grundsätzlichen Probleme eine Vielzahl von thermodynamischen und wärmetechnischen Aufgaben zu lösen. Die thermodynamischen Probleme betrafen die Frage nach dem geeignetsten Kreisprozeß. Wenn sich auch in der Zwischenzeit der klassische Wasserdampfprozeß mit speziellen Parametern durchgesetzt hat, ist in der Frühzeit der Kernenergetik eine Vielzahl verschiedenartiger Kreisprozesse untersucht worden, die zu einer wesentlichen Qualifizierung der Theorie der rechtsläufigen Kreisprozesse geführt hat. So stellen Kreisprozesse mit organischen Arbeitsmedien theoretisch das Bindeglied zwischen Dampf- und Gasturbinenprozessen dar. Damit war eine geschlossene Darstellung der Isobaren-Adiabaten-Prozesse möglich. Die technische Thermodynamik als allgemeine Energielehre und Grundlage der Energiewirtschaft konnte aufgrund solcher und ähnlicher Überlegungen ihr Profil wesentlich verdeutlichen.

In ähnlicher Weise gab die Entwicklung der Kerntechnik Impulse auf dem Gebiet der Grundlagenforschung der Wärmeübertragung. Das Studium der thermischen Belastung der Spaltzonen von Kernreaktoren führte zu einem qualitativ neuen Verständnis der Wärmeübertragung beim Sieden und am Beispiel der Wärmeübertragung in flüssigen Metallen zur Kenntnis neuer Wärmeübertragungsmechanismen. Diese Erkenntnisse führten nicht nur zu vertieften Einsichten sondern qualifizierten auch die Anwendungsmöglichkeiten in anderen Industriezweigen, wie man es von bedeutungsvollen Ergebnissen der Grundlagenforschung erwartet.

2. Ähnlich geartete Beispiele lassen sich aus den Überlegungen zur Anwendung der Wärmepumpe im Bereich der Stoffwirtschaft ableiten. Die Wärmepumpe ist thermodynamisch gesehen ein linksläufiger Kreisprozeß der es gestattet, Wärme entgegen dem natürlichen Temperaturgefälle zu transportieren, oder, mit anderen Worten, der es erlaubt, Arbeit, zumindest nahezu, reversibel in Wärme zu verwandeln. Unter diesem Aspekt kann die Wärmepumpe außerordentlich wirksam in die energetische Struktur stoffwirtschaftlicher Anlagen eingebunden werden, vermag sie doch Dampf- und gleichzeitig Kühlwasserbedürfnisse durch Elektroenergie zu substituieren. Das ist z. Z. vor allem für ältere Chemiewerke von wesentlicher Bedeutung.

Die Auseinandersetzung mit den Anwendungsfällen der Wärmepumpe führte zu der Notwendigkeit der vertieften Untersuchung der Eigenschaften von linksläufigen Kreisprozessen, die gegenüber dem bisherigen Stand eine außerordentliche quantitative Erweiterung und wohl auch eine neue Qualität darstellen. Es kann eingeschätzt werden, daß durch diese Untersuchungen das Niveau der Untersuchungen der linksläufigen Kreisprozesse dem der rechtsläufigen Kreisprozesse angeglichen worden ist. Das gilt im besonderen Maße für die Koppelprozesse, die im vorliegenden Zusammenhang bei den Absorptionswärmepumpen zu untersuchen sind. Gegenüber der thermodynamischen und energiewirtschaftlichen Darstellung der klassischen Wärme-Kraft-Kopplung ist hierbei fast eine neue Teildisziplin entstanden, die ihre Anwendung in starkem Maße in der Systemverfahrenstechnik gefunden hat. (Natürlich waren zur Herausbildung dieser Disziplin auch noch viele andere Umstände wirksam, auf die an dieser Stelle nicht eingegangen werden soll und kann.) Für die chemische Industrie ist die Absorptionswärmepumpe von besonderem Interesse, da sie kaum drehende Teile enthält und so dem Charakter der bereits vorhandenen Grundmittel entspricht. Durch die neuen Einsatzgebiete entsteht die Aufgabe, neue Arbeitsstoffpaare, d. h. entsprechend den Temperaturbereichen neue Arbeits- und Absorptionsmittel, bereitzustellen. Damit sind bestimmte Anforderungen an die Mischphasenthermodynamik gestellt, die z. Z. nicht in Gänze erfüllt werden können. Zu berücksichtigen ist dabei, daß zwischen offenen, d. h. mit dem stoffwirtschaftlichen Prozeß stofflich gekoppelten, und geschlossenen Wärmepumpen unterschieden wird. Letztere sind mit dem stoffwirtschaftlichen Prozeß lediglich energetisch gekoppelt. Der Einsatz offener Prozesse besitzt energetische Vorteile andererseits stellt er höhere Anforderungen an die stofflichen Eigenschaften, die gleichfalls in dem angeschnittenen Rahmen berücksichtigt werden müssen.

Mit den vorstehenden Beispielen sollte aufgezeigt werden, daß technische Forschung, die stets sinnvoller Weise an der Entwicklung orientiert ist, eine Einheit von angewandter und Grundlagenforschung darstellt. Die vorliegenden Beispiele bezogen sich auf Aufgaben und Probleme, die entstehen, wenn an sich in der Grundlagenforschung bereits bekannte Prinzipien in der industriellen Praxis eingeführt werden sollen.

In der Vergangenheit schien mir manchmal diesem Zusammenhang gegenüber der üblichen Überführungsproblematik eine zu geringe Aufmerksamkeit geschenkt worden zu sein. Unsere Klassensitzung hat aber hierzu viele weitere und instruktive Beispiele aufgezeigt. Es ist zu wünschen, daß derartige Bemerkungen auch bei Diskussionen um die Herausbildung der technischen Wissenschaften eine Rolle spielen.

E. Kancliř

Diskussionsbeitrag

Die Hauptaufgabe der Grundlagenforschung ist, im Einklange mit der Weltwissenschaft und insbesondere der sozialistischen Wissenschaft die Natur- und gesellschaftlichen Gesetzmäßigkeiten so zu erschließen, daß diese in möglichst kurzer Zeit in der gesellschaftlichen Praxis effektiv ausgenutzt werden können. Zur Durchsetzung der staatlichen wissenschaftlichen Politik auf dem Gebiet der Wissenschaft dienen hauptsächlich die Staatsprogramme der Grundlagenforschung, die die volkswirtschaftlich bedeutendsten Aufgabenstellungen beinhalten. Diese sind von den langfristigen Anforderungen der wissenschaftlichen Entwicklung und der Gesellschaft abgeleitet.

Die Planung, Koordinierung und Kontrolle des Staatsplanes der Grundlagenforschung werden von der Tschechoslowakischen Akademie der Wissenschaften zusammen mit der Slowakischen Akademie der Wissenschaften gesichert. Daraus folgt die Verantwortung der Slowakischen Akademie der Wissenschaften in der Slowakischen Sozialistischen Republik für die Zusammenstellung und die Kontrolle des Grundlagenforschungsplanes. Als Richtlinie dienen ihr für diese Arbeit die staatlich genehmigten Methodiken.

Der Staatsplan der Grundlagenforschung des VI. Fünfjahrplanes stellt eine wichtige Etappe in der Entwicklung der Wissenschaft und Technik insbesondere darum dar, weil es gelang, den größten Teil der Aufgaben entsprechend den aktuellen Forderungen der Wissenschaft und der gesellschaftlichen Praxis anzupassen. Der Plan besteht aus acht Programmen der Grundlagenforschung:

I. Physikalische Eigenschaften der Materie und ihre Mikrostruktur
II. Kosmos, Erde und Nutzung ihrer Ressourcen
III. Theoretische Grundlagen der Technik
IV. Neue chemische Prozesse, ihre Kontrolle und Technik
V. Struktur und Funktion der lebenden Substanz
VI. Der Mensch und die Biosphäre
VII. Biologische und medizinische Grundlagen der gesunden Entwicklung des Menschen
VIII. Die sozialistische Gesellschaft in der Zeit der wissenschaftlich-technischen Revolution und unter den Bedingungen einer in Klassen getrennten Welt

Die entscheidende politisch-ideologische Richtlinie für die Aufstellung des Staatsplanes der Grundlagenforschung waren die Aufgaben, die für den Bereich der Grundlagenforschung durch den Beschluß des im Mai stattgefundenen Plenums des Zentralkomitees der KP der Tschechoslowakei festgesetzt wurden, um die Rolle der wissenschaftlich-technischen Entwicklung bei der Erhöhung der Effektivität der Volkswirtschaft zu verstärken und vor allem die Aufgaben, die auf dem XV. Parteitag der KPČ bestimmt wurden. Der XV. Parteitag orientierte die Grundlagenforschung in der Natur- und technischen Wissenschaft vor allem folgendermaßen:

— Erweiterung und komplexe Nutzung der einheimischen Rohstoffe und eine rationelle Gewinnung und Ausnutzung von Material,
— effektive Gewinnung, Übertragung und Nutzung der Energie,
— Förderung der Elektrotechnik und Optimierung der Leitung komplizierter Prozesse, hauptsächlich technologischer,
— Chemisierung der Produktionsprozesse,
— Rationalisierung der landwirtschaftlichen Produktion,
— Prävention bei gesellschaftlich schwerwiegenden Erkrankungen,
— Vervollkommnung des Umweltschutzes und der Umweltgestaltung.

Die Aufgaben im Bereich Chemie werden hauptsächlich durch die Richtlinie der Chemisierung von Produktionsprozessen gekennzeichnet. Im Rahmen dieser Richtung wurde in letzter Zeit eine Reihe bedeutender Ergebnisse erzielt, von denen ich zur Illustration nur eines anführe. Am Chemischen Institut der SAW wurde eine bedeutende inhibierende Wirkung der Zuckerbildung aus Formaldehyd bei einigen Typen anorganischer und organischer Redoxsysteme festgestellt.

Die chemischen Arbeitsstätten der SAW haben teilweise auch Anteil an der Lösung der Richtlinie „Erweiterung und komplexe Ausnutzung der einheimischen Rohstoffbasis". Im Rahmen dieser Richtlinie wurden auf Grund des Studiums von Phasengleichgewichten neue Erkenntnisse für die Erzeugung von Chrommagnesitformlingen erworben, welche an das zuständige Forschungsinstitut und den Produktionssektor übergeben wurden.

Die Leitung der SAW sucht ständig nach Möglichkeiten, damit die Grundlagenforschung und ihre Ergebnisse stets als Produktivkraft der Gesellschaft wirkt. Für diesen Zweck wurden mehrere konkrete Maßnahmen getroffen. Eine davon ist insofern bedeutend, als die SAW alljährlich die Regierung der Slowakischen Sozialistischen Republik über die Ergebnisse mit dem Hinweis auf ihre Realisierung in der gesellschaftlichen Praxis informiert. Eine weitere wichtige Maßnahme, die in Zusammenarbeit mit dem Föderativministerium für Technik und Entwicklung (FMTR), getroffen wurde, ist, daß für die Ergebnisse der Grundlagenforschung, die appliziert werden oder schon in der gesellschaftlichen Praxis appliziert wurden, außerordentliche Zielprämien eingeführt wurden. So wurde z. B. von den Ergebnissen der SAW im Bereich Chemie folgendes ausgezeichnet:

Am Institut für anorganische Chemie der SAW wurde eine Methode für elektrolytische Verzinnung in Schmelzen für die Applikation in der Industrie ausgearbeitet. In demselben Institut wurde die Bindung des Magnesiumoxids im Zementklinker bearbeitet. Dieses Oxid ist im Klinker bis zu einem Gehalt von 15% gebunden. Der entstandene Zement enthält keine Periklaskristalle, welche eine strukturelle Destruktion des Betonteils durch Ausdehnung zur Folge haben. Diese neue Zementart bildet eine Möglichkeit für die Produktion von Bellitzementen mit niedriger Hydrationstemperatur und langsamerer Wärmeentwicklung. Eine so geplante und realisierte Forschung bildet einen integrierenden Bestandteil der internationalen Zusammenarbeit insbesondere mit der AdW der UdSSR und der AdW der DDR.

Das sind einige Beispiele der realisierten Ergebnisse der chemischen Institute der SAW, über welche ich es für zweckmäßig hielt, Sie zu informieren. Wenn es gewünscht wird, ist es mir möglich, Ihnen in der Diskussion weitere Beispiele zu nennen.

V. Kellö

Diskussionsbeitrag

Getatten Sie, daß ich mich zunächst für die Einladung zur Sitzung der Klasse Chemie der Akademie der Wissenschaften der DDR bedanke, und daß ich Ihnen gleichzeitig die Grüße der tschechoslowakischen Kollegen überbringe.

Gestatten Sie, daß ich Sie über einige Erfahrungen informiere, die wir in der Tschechoslowakischen und insbesondere in der Slowakischen Akademie der Wissenschaften, in der der Schwerpunkt meiner Tätigkeit liegt, erworben haben.

Es ist natürlich, daß für unsere Akademie die Beschlüsse des XV. Parteitages der KP der Tschechoslowakei und die daraus resultierende Aufgabe, die Ergebnisse der Grundlagenforschung ständig in der gesellschaftlichen Praxis zu realisieren, die Hauptrichtlinien sind.

Es ist allgemein bekannt, daß die Zusammenarbeit der Institutionen der Grundlagenforschung mit der Produktionspraxis nicht nur zur Erhöhung der Produktivität der Erzeugungsprozesse führt, sondern bei richtiger Orientierung auch die Grundlagenforschung anregt, Ergebnisse zu gewinnen, die die eigentliche Wissenschaft entfalten.

Die Zusammenarbeit zwischen der Akademie, den Hochschulen und der Industrie ist insbesonders im Planungsbereich wirksam, bei der Koordinierung der Grundlagenforschung, bei der eigentlichen wissenschaftlichen Forschungsarbeit wie auch bei der Realisierung der Ergebnisse. Im Interesse der Objektivierung der Aufgabenwahl fragt die Akademie schon bei der Planung nach der Stellungnahme der Produktion. Diese Standpunkte werden von den Planungsorganen als gesellschaftliche Aufträge beraten und in den Plan werden Initiativen eingeordnet, die nicht nur für die Praxis unbestreitbar wichtig sind, sondern auch unter dem Aspekt der wissenschaftlichen Entwicklung. So wurde auch bei der Erarbeitung des derzeitigen Staatsplanes der Grundlagenforschung für die Jahre 1976—1980 verfahren.

In den Planungsorganen, die beratende und wissenschaftliche Institutionen des Präsidiums der Tschechoslowakischen Akademie der Wissenschaften hinsichtlich der Planung, Koordinierung und Kontrolle des Staatsplanes der Grundlagenforschung sind, sind außer den Vertretern der Akademie auch Mitarbeiter aus den Hochschulen und der Industrie vertreten. In dieser Funktion sind sie auch an der Kontrolle der Einordnung der Forschungsaufgaben beteiligt. Es handelt sich insbesondere um die Beurteilung der Objektivität der Einreihung von Aufgaben in den Plan, ihrer Strukturen, um die Bewertung der Richtigkeit der Ziele und der im Lösungsverlauf erreichten Ergebnisse, um die Festlegung der für die Erhöhung der Forschungseffektivität notwendigen Maßnahmen wie auch um die Bewertung der Ergebnisse mit besonderem Hinblick auf die Realisierung in der gesellschaftlichen Praxis.

Die slowakische Akademie widmete in den vergangenen Jahren neben den Ergebnissen, die für die wissenschaftliche Entfaltung selbst wichtig sind und den notwendigen Vorsprung vor der Produktion sichern, den Fragen der Realisierung der Ergebnisse in der gesellschaftlichen Praxis eine erhöhte Aufmerksamkeit. Als geeignete Form, eine solche Zusammenarbeit zu initiieren, bewähren sich die Rahmen-Übereinkommen zwischen dem Präsidium der Slowakischen Akademie der Wissenschaften und den leitenden Organen der Ministerien und Industriebereiche. Die Slowakische Akademie der Wissenschaften schloß solche Verträge ab mit dem Schulministerium der Slowakischen Sozialistischen Republik, mit dem Ministerium für Forst- und Wasserwirtschaft, mit dem Landwirtschaftsministerium und mit ausgewählten Generaldirektionen. Diese Rahmen-Übereinkommen werden in regelmäßigen Abständen ausgewertet und präzisiert. Die Zusammenarbeit stützt sich hierbei auf den direkten Kontakt zwischen den Instituten der SAW und den Arbeitsstellen der Generaldirektionen, welche untereinander Wirtschaftsverträge über konkrete Forschungsaufgaben abschließen.

Die Zusammenarbeit mit der Industrie wird in verschiedenen Formen realisiert. Es geht hauptsächlich um die Übergabe der Ergebnisse der Grundforschung zu ihrer weiteren Ausarbeitung in der angewandten Forschung und um die Beteiligung der SAW an der direkten Realisierung neuer wissenschaftlicher Erkenntnisse. Zur Lösung ausgewählter komplexer Probleme werden gemeinsame Arbeitsgemeinschaften gebildet. Sie bestehen aus Mitarbeitern der Akademie, der Hochschulen und der Industrie und haben den Charakter von Komplexbrigaden.

Eine bedeutende Rolle spielen Apparaturenzentren, die gemeinsam von den Instituten der Akademie, den Hochschulen und den Praxisbereichen benutzt werden. Es handelt sich z. B. um die gemeinsame Nutzung solcher Methodiken wie die FT KMR-Spektroskopie, Photoelektron- und Auger-Spektroskopie, die automatische Diffraktometrie, die Elektronenmikroanalyse, die Massenspektroskopie u. a.

Aus den Ergebnissen der Zusammenarbeit führe ich einige Ergebnisse an: So geht es bei der Zusammenarbeit der SAW mit den Generaldirektionen der Glasbetriebe hauptsächlich um die Anwendung von Resultaten der Grundlagenforschung auf dem Gebiet der Silikatchemie, konkret aus dem Studium der Reaktionen anorganischer Systeme in fester Phase und in Schmelzen. Das Ergebnis der Zusammenarbeit ist einerseits die Übergabe der neuesten Ergebnisse im Bereich der Chemie des Glases und Basaltes, die nach ihrer Bearbeitung im Forschungs- und Entwicklungsinstitut für Glas direkt in der Produktion angewendet werden.

Die Kriterien einer typischen Gemeinschaftsarbeit erfüllt das Beispiel im Bereich der polymeren Stoffe mit physikochemischer Richtung, bei dem das Institut für Polymere der SAW, die chemisch-technologische Fakultät und die gesellschaftliche Praxis in origineller Weise die Entwicklung negativer lichtempfindlicher Schichten für monometallische Offsetdruckplatten gelöst haben. Ergebnis dieser Zusammenarbeit und ihrer Anwendung im Bereich der Generaldirektion der slowakischen Polygraphie ist eine Selbstkostensenkung — verbunden mit der Vorbereitung des Offsetdruckes als neue Drucktechnologie —, woraus große Ersparnisse an Devisen, die Unabhängigkeit vom Import, eine längere Lebensdauer der Offsetrotationsdruckmaschinen und der Druckplatten folgt.

Im Rahmen dieser Zusammenarbeit wurde vom Chemischen Institut der SAW, das mit dem Forschungsinstitut für chemische Fasern in Svit zusammenarbeitet, eine ökonomisch vorteilhafte Art der Netzreaktion mit Hydroxyäthylzellulosefasern ausgearbeitet. Diese gewinnen so mechanische Eigenschaften, die denen klassischer Viskosefasern vergleichbar sind. Die Applikation der Netzmodifikation geht davon aus, daß hierbei einheimische Rohstoffe einsetzbar sind, daß keine neuen technologischen Einrichtungen beansprucht werden — und was das Hauptsächliche ist —, daß keine Exhalate entstehen, wodurch grundsätzlich das Problen der Exhalate der bisherigen Viskosebetriebe gelöst werden kann.

Es ist natürlich möglich, eine Reihe weiterer Beispiele für die Nutzung der Grundlagenforschung anzuführen, ohne dabei Gefahr zu laufen, daß sich die Institute der Akademie dem engen Praktizismus zuneigen.

Andererseits ist es wahr, daß die Einführung von Forschungsresultaten in vielen Fällen mit Problemen verbunden ist. Die Bemühungen der wissenschaftlichen Mitarbeiter um die Realisierung der eigenen Ergebnisse wird in mehreren Fällen durch Desinteresse der Praxis an den Ergebnissen abgeschwächt, weil diese als Nebenprodukte der Grundlagenforschung zwar die bisher angewendete Technologie bedeutend beeinflussen würden, aber vorübergehend auch die Produktionsplanung stören könnten. Zur Zeit sind einige Probleme ungelöst, die mit der Finanzierung der Zusammenarbeit der Akademie mit den Produktionsbetrieben zusammenhängen.

Manchmal sind für eine gute Kooperation auch gute persönliche Beziehungen maßgebend.

Es wird notwendig sein, die Zusammenhänge zwischen der Grundlagenforschung, der angewandten Forschung und der Entwicklung zu erarbeiten. Man nimmt an, daß die Überleitung der Forschungsergebnisse durch materielle Stimuli positiv beeinflußt wird, die vom Föderativministerium für Technische und Investitionsentwicklung in Form von außerordentlichen Zielbelohnungen ausgeschrieben werden.

Ich beschränkte meinen Vortrag bisher auf einige Erfahrungen bei der innerstaatlichen Zusammenarbeit der chemischen Institute der SAW. Wir beginnen jedoch auch die Möglichkeiten der internationalen Zusammenarbeit zwischen den sozialistischen Ländern in verschiedenen Formen zu nutzen.

Es ist für mich sehr angenehm, daß ich als ein gutes Beispiel für eine solche Zusammenarbeit die enge Kooperation zwischen den Akademien der DDR und der

Tschechoslowakei anführen kann. Zur verstärkten Nutzung einheimischer Rohstoffe wurden vom Zentralinstitut für anorganische Chemie der AdW der DDR in Berlin, vom Institut für anorganische Chemie der SAW in Bratislava und vom gemeinsamen Laboratorium für Chemie und Technologie der Silikate der CSAV sowie der Hochschule für chemische Technologie in Prag Arbeiten zur Verbreiterung der wissenschaftlichen Basis zur Charakterisierung und Nutzung mineralischer silikatischer Rohstoffe durchgeführt. Im Rahmen dieser weitestgehend arbeitsteilig durchgeführten Kooperation wurden gemeinsam neue Methoden entwickelt und die in den jeweiligen Institutionen vorhandenen Arbeitstechniken für die Lösung der Probleme herangezogen. Ergebnisse auf dem Gebiet der Tonmineralforschung trugen zu einer Verbesserung der Rohstoffaufbereitung sowie zu einer erhöhten Sicherheit bei einer vereinfachten Rohstoffkontrolle in der Keramikindustrie bei.

Aus der Problematik der Kalziumhydrosilikate wurden Schlußfolgerungen für die Auswahl der mineralischen Rohstoffe für die Herstellung von Silikatbaustoffen durch Härtung im Autoklaven und für die Reaktionsführung bei diesem Prozeß abgeleitet. Ergebnisse der Glasforschung erklären die strukturellen Umwandlungen, die bei der Entglasung stattfinden sowie die Reihenfolge der Modifikationsänderungen im kristallinen Zustand.

Damit schaffen sie eine theoretische Grundlage für die gezielte Stabilisierung von technischen Gläsern bzw. für eine Steuerung des Entglasungsprozesses.

Auf Grund der sehr guten Ergebnisse und ihrer Bedeutung für die Volkswirtschaft der DDR und der CSSR hinsichtlich der verstärkten Nutzung einheimischer Rohstoffe wird vorgeschlagen, den beteiligten Mitarbeitern des Zentralinstitutes für anorganische Chemie der AdW der DDR, des Institutes für anorganische Chemie der SAW, des Laboratoriums für Chemie und Technologie der Silikate der CSAV und der Hochschule für Chemie nach der Vereinbarung zwischen der Akademie der DDR und der CSSR für ihre Einsatzbereitschaft zu danken sowie die dabei erhaltenen Resultate zu präzisieren.

H. Klare

Diskussionsbeitrag

Selbst auf die Gefahr hin, bereits Ausgesprochenes oder Bekanntes zu wiederholen, möchte ich noch einmal einige prinzipielle Voraussetzungen formulieren, die m. E. für die schnelle (und darauf kommt es doch wohl an!) Durchsetzung des wissenschaftlich-technischen Fortschritts in der Industrie erfüllt werden und erfüllt sein müssen.

1. Der wissenschaftlich-technische Fortschritt beruht in der Regel auf Ergebnissen einer *langfristig* angelegten Vorlauf-Forschung, die in erster Linie in Instituten der Akademie und der Hochschulen und Universitäten, *aber* auch in Industrie-Laboratorien betrieben werden muß.

2. Mitarbeiter der unter 1. genannten Einrichtungen müssen in der Lage sein, die aus den Ergebnissen ihrer Grundlagenforschung ableitbaren technisch nutzbaren und technologisch vorteilhaften Resultate rasch zu erkennen; d. h. es müssen Mitarbeiter vorhanden sein, die sich in der Technologie der von ihnen bearbeiteten Fachgebiete möglichst gut auskennen.

3. Der Maschinen- und Anlagenbau *muß* „freie" bzw. „sofort verfügbare" Entwicklungskapazitäten besitzen, von denen die erforderlichen neuen Apparate, Maschinen, Geräte usw. schnell (für Versuchsanlagen) gefertigt werden können. Ausreichende Eigenbaukapazitäten in AdW-Instituten und Chemiekombinaten für Versuchsgeräte und -apparaturen erscheinen mir in diesem Zusammenhang auch unerläßlich.

4. Die Akademien der Wissenschaften sozialistischer Länder scheinen mir wie kaum andere Institutionen berufen, die z. Z. noch nicht ausreichende Integration für die Durchsetzung des wissenschaftlich-technischen Fortschritts innerhalb des RGW zu intensivieren. Beispielhaft ist hier die Initiative der AdW der UdSSR vom Juni 1976, aus der auf der Präsidentenberatung im Februar 1977 in Moskau der Beschluß über die Kooperation beim Bau wissenschaftlicher Geräte und bei der Automatisierung experimenteller Forschugnsarbeiten resultierte (vgl. dazu „Sozialistische Integration und Wissenschaft. Materialien über das Treffen der Präsidenten der Akademien sozialistischer Länder in Moskau vom 15. bis 18. 2. 77", Izdat. Nauka, Moskau 1977).

5. Die chemische Großindustrie ebenso wie die mittleren Betriebe *müssen* über eine ausreichende mobile Entwicklungskapazität verfügen, die in der Lage ist —

in Kooperation mit den AdW- und Hochschul-Instituten — Forschungsergebnisse *rasch* in moderne Verfahrenstechnik umzusetzen. Mir erscheint es dringend notwendig, derartige Entwicklungen (Innovationen), die naturgemäß auch der Intensivierung dienen, eindeutig und gezielt zu stimulieren, d. h. Voraussetzungen zu schaffen dergestalt, daß ein ausgesprochener Anreiz besteht (natürlich mit vertretbarem Risiko), Großversuche zu fahren, die den erkannten wissenschaftlich-technischen Fortschritt rasch in angewandte, modernste Verfahrenstechnik umsetzen.

Diese scheinbaren Selbstverständlichkeiten erfordern bei genauer Analyse einen außerordentlichen geistigen Aufwand an ebenso intensiver wie intelligenter, ideenreicher und fantasievoller Forschung. Diese Forschungen stellen auch höchste Ansprüche an die Kenntnisse, an den Leistungswillen und an die Leistungsfähigkeit der damit betrauten Wissenschaftler und Kollektive in Akademien, in Hochschulen, Universitäten und in der Industrie und an eine vertrauensvolle Arbeitsteilung zwischen diesen Partnern sowie an eine Anerkennung der gegenseitigen Leistungen. Man kann sogar sagen, daß der gewünschte Rationalisierungseffekt und die einwandfreie Qualität in der Produktion weitgehend von einer ebenso rationell und intensiv betriebenen Forschung abhängt, wobei das Tempo, mit dem die Ergebnisse anfallen, ausschlaggebend ist. Das ist keine Aufforderung zur Hektik, sondern zur effektiven wissenschaftlichen Arbeit.

Dazu sind unbedingt genaue Kenntnisse erforderlich, welche Varianten der Verfahrenstechnik und Technologie auf internationaler Ebene angewandt werden und welche Methoden und neuen Effekte dabei eine Rolle spielen bzw. — und das ist noch ausschlaggebender für die Entwicklungsarbeiten — welche Techniken und Methoden in naher oder ferner Zukunft ins Spiel kommen und voraussichtlich genutzt werden.

Es ist nicht nur notwendig, den gegenwärtigen Stand der Technik zu kennen, wenn beispielsweise für ein unrationell oder unproduktiv gewordenes Verfahren oder für eine veraltete Technologie neue Wege gegangen werden sollen, sondern man muß immer versuchen vorauszusehen, was darüber hinaus noch kommen kann, und vorsorglich diese Möglichkeiten einkalkulieren, oder anders gesagt, man muß die gewünschte Technologie so ausfeilen, daß sie besser und rationeller produziert als alle bekannten.

Wenn wir also beispielsweise eine Lizenz erwerben, sollten wir uns unbedingt bemühen, sie so zu verbessern oder sie so vorteilhaft zu verändern, daß wir nach einiger Zeit in der Lage sind, unserem Lizenzgeber eine Lizenz auf ein besseres, weit rationelleres Verfahren anzubieten. Das sind keineswegs utopische Forderungen, denn etwas derartiges geschieht beispielsweise in Japan.

Das setzt allerdings umfassende, detaillierte und genaue Kenntnisse und den leidenschaftlichen Willen voraus, diese Kenntnisse schöpferisch anzuwenden, bei allen denen, die Forschung betreiben. Das setzt aber auch die Möglichkeiten einer umfassenden Information aus jeder Art Literatur und an Ort und Stelle voraus; man muß in dem dafür erforderlichen Umfang — sei es bei gezielten Tagungsbesuchen, sei es bei anderen Gelegenheiten durch Instituts- und Werkbesichtigungen — die erforderlichen Erfahrungen im Ausland sammeln. Natürlich gehört dazu, daß wir unsere enge Kooperation mit der Sowjetunion und mit den anderen sozialistischen Staaten auch unter diesem Gesichtspunkt intensivieren, wir müssen aber auch im NSW die vorhandenen Informationsmöglichkeiten besser und aktiver nutzen.

Ich glaube, wir können diese Problematik nicht ernst genug nehmen, die letztlich darin besteht, den Fundus der Weltwissenschaft — und dazu gehört ja auch Technologie und Verfahrenstechnik — für uns auszuschöpfen. Deshalb ist auch der bereits nach dem IX. Parteitag begonnene Aufbau und Ausbau technologischer Labors in der Akademie so außerordentlich wichtig, denn ohne eigene technologische Forschungen kann man in der Regel Technologie nicht erfassen. Das heißt nicht, sich von der Grundlagenforschung abzuwenden, denn — wie die Wissenschaftsgeschichte zeigt — handelt es sich bei der modernen Technologie häufig um die Erforschung fundamentaler Erkenntnisse, ohne die beispielsweise keine der modernen Anlagen (Kernkraftwerke, Chemieanlagenbau, Elektronik, Gerätebau etc.) produzieren könnte. Daran ändert auch die Tatsache nichts, daß dafür fundamentale Entdeckungen genutzt werden, wie es z. B. bei Lasern, modernen Werkstoffen, Chemiefasern etc. der Fall war und ist. Diese natürlich sehr komplexe Erforschung neuer und die Rationalisierung vorhandener Technologien setzt neben dem Forschungspotential in Akademie und Hochschulwesen — und das möchte ich noch einmal wiederholen — dementsprechende Forschungsabteilungen in der Industrie voraus, die nicht nur Tagesfragen bearbeiten, sondern vorausschauend und weitsichtig gemeinsam mit Akademie und Hochschulwesen neu entdeckte Effekte auf ihre technologische Nutzbarkeit prüfen und neue Technologien entwickeln bzw. vorhandene in prinzipieller Weise rationalisieren, so daß das eingangs genannte Ziel erreicht wird.

B. Kurtev

Über die Tätigkeit des Forschungszentrums für Chemie der Bulgarischen Akademie der Wissenschaften bezüglich der Überführung der Forschungsergebnisse in die Produktion

Wir kennen seit langem die These von KARL MARX, daß das Endziel der Wissenschaft nicht das Erkennen der Außenwelt, sondern die Veränderung der Letzteren zugunsten der ganzen Menschheit sei. Die Etappe der Erkenntnis ist der Gegenstand der Grundlagenforschungen, während die Etappe der Weltveränderung den Gegenstand der Zielforschungen darstellt. Das Spezialisieren der Wissenschaftler auf eine der beiden Forschungsarten und die Arbeitsteilung unter ihnen ist gerechtfertigt. Doch ist keine scharfe Grenze zwischen beiden Kategorien von Spezialisten zu ziehen; es sollen vielmehr Kontakte, Wechselbeziehungen und Zusammenarbeit unter ihnen bestehen. Sehr wichtig ist die richtige Lösung der Frage, inwieweit eine Arbeitsteilung unter den in einem Lande bestehenden Forschungsinstitutionen durchzuführen ist. Es ist dabei zu berücksichtigen, daß dank der bedeutend gewachsenen Möglichkeiten der Wissenschaft die gegenwärtigen Probleme des technischen Fortschritts in der Regel viel rascher und erfolgreicher gelöst werden, als dies auf dem alten halbempirischen Wege der „Selbstentwicklung der Technik" geschah. Hieraus entsteht die Notwendigkeit von einem Zusammenhang, und zwar in gewissem Grade (ich betone die Worte „in gewissem Grade", da es die Entwicklung der Wissenschaft selbst hemmen und somit der Gesellschaft zum Nachteil gereichen würde, wenn die Grundlagenforschung ausschließlich auf festgelegte, praktische Endzwecke gerichtet wäre) zwischen den Grundlagen- und den Zielforschungen, damit ein ununterbrochener Gang des Prozesses „Forschung — Überführung der Ergebnisse in die Produktion" sowohl im Rahmen ein und derselben Organisation als auch bei der koordinierten Tätigkeit verschiedener Organisationen sichergestellt wird.

Am Beispiel des Forschungszentrums für Chemie möchte ich kurz mitteilen, wie wir gegenwärtig diese Fragen lösen. Selbstverständlich haben wir immer noch nicht viel Erfahrung in dieser Hinsicht: fast die ganze bulgarische chemische Industrie wurde in den letzten zwei Jahrzehnten errichtet. Gleichzeitig damit entwickelte sich die Chemie an der Bulgarischen Akademie der Wissenschaften. Während wir 1957 nur ein chemisches Institut mit etwa 30 etatmäßig beschäftigten Personen hatten, existiert seit fünf Jahren ein Forschungszentrum für Chemie, das drei Institute und vier Zentrallaboratorien mit insgesamt mehr als 900 Mitarbeitern sowie die chemische Fakultät der Sofioter Universität umfaßt.

Der Bedeutung nach stellen wir die Grundlagenforschungen in den Mittelpunkt, da ihr Niveau auch das Niveau der Zielforschungen und der Ausbildung sowie der Weiterbildung von Spezialisten in den entsprechenden Fachrichtungen der chemischen Fakultät bestimmt. Dem Umfang nach treten jedoch die Grundlagenforschungen den Zielforschungen die erste Stelle ab, da die letzteren in den Zentrallaboratorien vorherrschen. Wir begnügen uns mit einer halbquantitativen Einschätzung des Verhältnisses zwischen den Grundlagen- und den Zielforschungen und halten sie für ausreichend. Die genaue quantitative Überprüfung der Arbeitszeit-Verteilung zwischen beiden Arten der Forschungen würde sich nicht lohnen. Außerdem wäre es kaum möglich, eine zuverlässige Methode zu diesem Zweck zu entwickeln, da keine scharfen Grenzen zwischen den verschiedenen Arten von Forschungen bestehen.

Im allgemeinen ist gegenwärtig der Umfang der Grundlagenforschungen im Vergleich zu seinem Ausmaß in der Vergangenheit etwas reduziert. Es gelang uns aber, ihr Niveau aufrechtzuerhalten und sogar ihre Front zu erweitern, indem wir die Zusammenarbeit zwischen den sozialistischen Ländern über die Akademien, die Hochschulen und im Rahmen des RGW verstärkten und eine gewisse Zusammenarbeit auch mit manchen der westlichen Länder begannen. Gleichzeitig damit wurden unsere Grundlagenforschungen zielbewußter, ihre Verbindung mit den gegenwärtigen und zukünftigen Bedürfnissen der Entwicklung unserer chemischen Produktion wurde noch enger. Unser Zentrum hat eine langfristige Vereinbarung über Zusammenarbeit und gegenseitige Hilfe mit dem Ministerium der chemischen Industrie getroffen. Es steht auch mit anderen Ministerien in Verbindung.

Es ist zu bemerken, daß es nicht immer auf der Hand liegt, auf welche Weise die Resultate der Grundlagenforschungen in der Produktion zu benutzen sind. Ihre Verwendung bei der Entwicklung origineller und wirksamer Technologien sowie qualitativ neuer Produkte stellt einen selbständigen schöpferischen Prozeß dar, der sehr oft nicht leichter ist als die Aneignung neuer Kenntnisse und außerdem spezielle Begabungen und Qualifikation verlangt. Es bestehen in dieser Hinsicht viele Beispiele in der Weltpraxis. In unserem Lande hat Professor J. Malinovski schon als Laborleiter an dem Institut für physikalische Chemie bedeutende Erfolge hinsichtlich der Aufklärung des Mechanismus von Photoprozessen errungen, die eine weite internationale Anerkennung erhalten haben. Es gelang ihm auch, auf manche grundsätzlich neue Möglichkeit zur Herstellung von lichtempfindlichen Materialien für spezielle Zwecke hinzuweisen. Zu ihrer Verwirklichung wurde schon vor zehn Jahren unter seiner Leitung das Zentrallaboratorium für Photoprozesse gegründet. Dies rief große Begeisterung unter uns hervor. Im Laufe der Zielforschungen entstanden aber eine Reihe unerwarteter Probleme, für deren Lösung der Laborleiter und seine Mitarbeiter nicht die notwendige Erfahrung besaßen. Nach langjährigen Bemühungen wurden alle Schwierigkeiten überwunden. Jetzt führt das Kollektiv schon erfolgreiche halbindustrielle Experimente durch. Wir hoffen, daß dank der gesammelten Erfahrungen die Kooperation von Prof.

Malinovski mit Kollegen aus der DDR zwecks Erarbeitung hochempfindlicher Photoplatten in verhältnismäßig kurzer Zeit zu guten Ergebnissen führen wird.

Einen anderen, meiner Meinung nach zweckmäßigeren Weg, hat Prof. Dr. A. Scheludko, Korrespondierendes Mitglied der BAW, eingeschlagen. Seit langem untersucht er sehr erfolgreich die Eigenschaften dünner flüssiger Schichten, indem er eine nutzbringende Zusammenarbeit mit Wissenschaftlern aus der UdSSR, der DDR u. a. Ländern verwirklicht. Damit die Resultate der Grundlagenforschungen auch von praktischem Nutzen sein können, erstreckte er seine Untersuchungen auch auf das Gebiet der Flotation, in dem die physikalische Chemie der Oberflächen ihre umfangreichste Anwendung in der Industrie findet, um so mehr, da die Theorie auf diesem Gebiet sehr zurückgeblieben war. Unlängst hat Prof. Scheludko eine neue Kapillartheorie der Flotation vorgeschlagen. Sie erklärt die erschwerte Flotation großer und schwerer Teilchen damit, daß diese Teilchen unter den Bedingungen der Schaumflotation mit zu hoher kinetischer Energie mit den schnell auftauchenden Bläschen zusammenstoßen, so daß die Teilchen von den Bläschen abgestoßen werden statt mit ihnen zusammenzukleben. Daraus entstand die Idee, daß die Herabsetzung der Energie des Zusammenstoßes der Teilchen mit den Bläschen die Entwicklung einer wirksamen Methode zur Flotation solcher Teilchen ermöglichen würde. Statt sich persönlich mit den Zielforschungen zu befassen, hat Prof. Scheludko einen auf dem Gebiete der Flotation sachkundigen Spezialisten herangezogen und die Zusammenarbeit mit Kollegen aus der DDR erweitert. Das Kollektiv von Physikochemikern und Spezialisten der Bergakademie in Freiberg erzielte bald sehr aussichtsreiche Ergebnisse. Auf Grund des erwähnten Prinzips wurde eine neue Methode zur Flotation von Kassiterit entwickelt. Außerdem wurde auf der Grundlage einer gemeinsamen, im Laufe der Zusammenarbeit entstandenen Idee, eine neue Variante der Schaumflotation vorgeschlagen, die eine beträchtliche Erhöhung der Leistungsfähigkeit der bestehenden Flotationsanlagen erlaubt. Beide Methoden werden gemeinsam patentiert. Das ist ein gutes Beispiel dafür, wie die internationale Zusammenarbeit auch in den Fällen erfolgreich zum technischen Fortschritt führt, wo dies über die Kräfte eines einzelnen Landes geht, sowie dafür, daß die Resultate der internationalen Zusammenarbeit die additive Leistung der beteiligten Länder überschreiten.

Die Leitungsorgane der Volkswirtschaft interessieren sich in der Regel vor allem für die praktischen Resultate unserer Arbeit, wobei sie verlangen, daß Ergebnisse möglichst rasch erzielt werden. Unser Forschungszentrum hat diesen Ruf befolgt und in fünf Jahren unserer Industrie bedeutende Hilfe geleistet. Dabei gingen wir in den meisten Fällen nicht von eigenen Forschungsergebnissen aus, sondern benutzten die im Laufe der Grundlagenforschungen gewonnene Qualifikation unserer Mitarbeiter, um konkrete, für unser Land wichtige praktische Aufgaben zu lösen. Das beste Beispiel in dieser Hinsicht ist die Erarbeitung eines Elektrolytzusatzes für glänzende saure galvanische Verkupferung, der schon in den meisten Autowerken der sozialistischen Länder benutzt wird. Zur Lösung dieser Aufgabe wurde ein für unsere Bedingungen ausreichend großes Kollektiv von Physikochemikern und Organikern gebildet. Die Leitung der Forschungsgruppe wurde drei in unseren Instituten geschulten Mitarbeitern der mittleren Generation anvertraut. Die Direktoren der Institute achteten darauf, daß den Arbeitsgruppen in kürzesten Fristen alles Notwendige zur Verfügung gestellt wurde. Dabei war uns auch das Staatskomitee für Wissenschaft und technischen Fortschritt behilflich. Als Ergebnis wurde in verhältnismäßig kurzer Zeit ein Produkt geschaffen, das mit den Produkten der westlichen Firmen konkurrieren kann und in mancher Hinsicht sogar besser ist.

Seit drei Jahren wird dieses Produkt schon regelmäßig hergestellt, doch wird die Kontrolle durch seine Entwickler fortgesetzt. Jede neue Partie darf nur mit einem Zertifikat unseres Laboratoriums für Elektrokristallisation und galvanische Überzüge exportiert werden. Der Grund dafür ist, daß wir ein spezielles Abkommen mit dem Ministerium der Chemischen Industrie als Erzeuger dieses Produktes getroffen haben, laut welchem unser Zentrum für die Qualität der Produktion, für ihre weitere Vervollkommnung und für die Erhöhung der Qualifikation des entsprechenden Personals verantwortlich ist. Auf diese Weise wurde de facto ein neuartiges wissenschaftlich-industrielles Unternehmen geschaffen, das auf einem Vertrag und nicht auf einer Organisation beruht, was bei seiner weiteren Entwicklung die Unterstützung des ganzen Zentrums und des ganzen Ministeriums sicherstellt. So hat z. B. das Ministerium die Verpackung einem anderen seiner Unternehmen anvertraut, und wir haben unser Zentrallabor für Polymerforschung als einen neuen Partner mit der Erarbeitung einer neuen Komponente zur Verbesserung der Eigenschaften des Materials beauftragt. Der Erfolg wurde bei diesem Beispiel letzten Endes von dem Niveau der Grundlagenforschungen in den zusammenarbeitenden Instituten bestimmt.

Zum Schluß möchte ich zu den Antworten auf die von Akademiemitglied G. Keil gestellten Fragen folgendes hinzufügen. In den letzten zwei Jahren entwickelt und propagiert Genosse T. Shivkov eine Meinung, die er „Multiplikationseinstellung" genannt hat, laut welcher bei der Planung und Einschätzung der Ergebnisse einer Tätigkeit ihr vollständiger (erwarteter bzw. realisierter) Effekt im Rahmen eines größeren Systems, z. B. im Rahmen der ganzen Wirtschaft der VR Bulgarien zu berücksichtigen ist. Selbstverständlich wurde diese Einstellung auch bis jetzt in gewissem Grade auf die Einschätzung der Ergebnisse sowohl der Grundlagen- als auch der Zielforschungen angewandt. Ein gutes Beispiel in dieser Hinsicht ist die Aussage von Boltzmann, daß man der Praxis keine bessere Hilfe leisten könne, als ihr eine gute neue Theorie zu geben, da eine solche Theorie vielmals auf verschiedene Untersuchungen angewendet werden könne, wodurch ihr Effekt im Laufe ihrer Anwendung multipliziert werde. Das Neue besteht hier in der Forderung, daß diese Methode bewußt und konsequent angewendet wird, einschließlich auch auf die Organisierung verschiedener Tätigkeiten. Ich möchte folgendes bedeutsames Beispiel aus unserer Praxis anführen. Unser Zentrallaboratorium für theoretische Grundlagen der chemischen Technik entwickelte eine neue, abfallfreie Technologie für die Verarbeitung unserer auch andere wertvolle Metalle enthaltenden Molybdänkonzentrate in bestimmte Zielprodukte. Es wurde berechnet, daß die letzteren den zukünftigen Verbrauchern einen wirtschaftlichen Effekt von ungefähr 7—8 Millionen Lewa sicherstellen könnten. Das Kollektiv stellte sich die Frage, ob die vorläufig gewählten Zielprodukte mit Rücksicht auf das Endergebnis sowohl für den Produzenten als auch für den Verbraucher die optimalen sind. Auf Grund weiterer Untersuchungen über die Gebrauchsmöglichkeiten wurden noch einige Varianten entwickelt und die ganze Technologie in Bezug auf die technischen und wirtschaftlichen Parameter optimiert. So entschied man sich für neue Zielprodukte, deren Anwendung im Rahmen unseres Landes zu einem Gesamteffekt von über 30 Millionen Lewa führen würde. Wir hoffen, daß diese Variante in nächster Zukunft praktisch erprobt wird.

S. Nowak, E. Schmitz und H. Gross

Camposan — ein Halmstabilisator aus der phosphor-organischen Chemie

Es gibt Beispiele dafür, daß eine industrielle Entwicklung in der Chemie scheinbar schnell verläuft, man aber bei genauerer Betrachtung umfangreiche Vorarbeiten erkennt, die nicht „zielgerichtet" erfolgten, ohne die aber das Ziel nicht erreicht worden wäre.

Ein bekanntes Beispiel ist die Ausarbeitung der industriellen Synthese des Vitamins C, die in drei Monaten durchgeführt wurde, der aber der wissenschaftliche Stand zugrundelag, der in mehreren Laboratorien im Verlauf von drei Jahrzehnten erarbeitet worden war, als man sich mit präparativen Abwandlungen des Zukkermoleküls beschäftigte.

Die chemische Industrie ist in vielen Fällen darauf angewiesen, Lösungen schnell zu erarbeiten und muß in diesen Fällen auf erheblichen wissenschaftlichen Vorlauf zurückgreifen können. Es kann beispielsweise ein unvorhergesehener Bedarf auftreten, es können unvorhergesehene Möglichkeiten zur Verfügung stehen, oder, was in den letzten Jahren häufig geschieht, es treten Bedenken gegen Produkte auf, die deren schnelle Ablösung notwendig machen. Erinnert sei an das Insektizid DDT, das Farbstoffzwischenprodukt Benzidin oder den Süßstoff Dulcit.

Es wird hier über die Vorgeschichte eines neuen Produktes berichtet, an dessen Synthese und Überführung in die industrielle Produktion Mitarbeiter des Zentralinstitutes für organische Chemie (ZIOC) sehr wesentlich beteiligt waren. Es handelt sich um eine phosphororganische Verbindung, β-Chloräthan-phosphonsäure, die heute im Chemischen Kombinat Bitterfeld produziert und unter der Bezeichnung „Camposan" als Halmstabilisator für Roggen eingesetzt wird.

Die Einführung des Camposans war nicht die Ablösung eines älteren Produktes durch ein neues auf einem traditionellen Anwendungsbereich. Durch die Mechanisierung der Landwirtschaft war ein Problem aufgetreten, das sich erst mit chemischen Mitteln lösen ließ. Das Lagern des Getreides erschwerte nicht nur die maschinelle Ernte; die Tendenz zum Lagern begrenzte auch Ertragssteigerungen durch Düngen, da verstärkte Düngung auch zum verstärkten Lagern führte.

Der Anstoß zur Lösung des Problems ging von einem unserer landwirtschaftlichen Institute aus. In Kleinmachnow hatte man gefunden, daß β-Chloräthanphosphonsäure, die schon einen gewissen Ruf als Pflanzen-Wachstumsregulator hatte, sich zur Stabilisierung des Roggenhalmes eignet. Über das Chemische Kombinat Bitterfeld kam der Kontakt mit der Abteilung des ZIOC zustande, die die Synthese von phosphororganischen Verbindungen bearbeitete. Hier wurde nicht nur die Herstellung von Versuchsmengen übernommen, sondern auch in kürzester Zeit eine industriell brauchbare Synthese erarbeitet und aufgrund bereits bestehender und vorzüglich funktionierender Kooperation mit der Industrie zur Überführung gebracht.

Bei der Entwicklung neuer Produkte sitzt ein Industriebetrieb in mehrfacher Hinsicht zwischen zwei Feuern. Er muß beispielsweise sehr viel Arbeit in ein Produkt investieren, muß aber trotzdem eine Vielzahl von anderen Produkten im Auge behalten, da man oft bis zuletzt nicht weiß, welches Produkt sich durchsetzen wird. Neben der Entwicklungsarbeit an den zur Überführung vorgesehenen Produkten muß eine breite Suchforschung nach Alternativprodukten betrieben werden, für die die Ergebnisse von Einrichtungen der Grundlagenforschung nutzbar gemacht werden müssen. Die Erfolge einer Zusammenarbeit stellen sich meist dort ein, wo eigenständige und qualitativ hochwertige Arbeiten von Forschungsinstituten in Industrieinteressen einmünden.

Zwischen zwei Feuern sitzt der Industriebetrieb auch, da die Einführung neuer Produkte so früh wie möglich eingeordnet werden muß, man aber bereit sein muß, unerwartete Wendungen und unerwartete Beobachtungen einzufangen und zu nutzen.

Schließlich muß auch ein Optimum gefunden werden zwischen der wünschenswerten Kontinuität der Aufgabenstellung für die Forschung und dem Wunsch, sich andeutenden Wendungen wissenschaftlich nachzugehen.

Das bereits angedeutete Beispiel des Camposans demonstriert, wie zu einem frühen Zeitpunkt der wissenschaftliche Vorlauf auf dem Gebiet der Phosphorchemie erarbeitet wurde, so daß beim Auftreten eines konkreten Wunsches nach einer bestimmten Verbindung sehr schnell eine Lösung angeboten werden konnte.

Der erste Griff nach einem phosphorhaltigen Reagens erfolgte im Zusammenhang mit einer ganz anderen Fragestellung. Vor etwa 10 Jahren wurde versucht, Orthoesterchloride **1** nachzuweisen, die mehrfach als Zwischenstufen formuliert, aber nie direkt nachgewiesen worden waren. Versucht man nämlich, ein solches Chlorid aus einem Orthoester herzustellen, so zerfällt es schon unter mildesten Bedingungen in Alkylchlorid und Ester.

Wurde aber für die erste Stufe Diäthoxy-phosphor-III-chlorid als Chlorüberträger eingesetzt, so isolierte man eine Verbindung **2**, die die Esterkomponente und Phosphor im Molekül enthielt. Der in der ersten Stufe vorgenommene Austausch von Äthoxyl gegen Chlor erzeugt nämlich einen Phosphorigsäureester **3**, der sofort anschließend in eine sogenannte Arbusow-Reaktion eingeht. Verbindung **2** ist ein Phosphonsäureester. Sie wurde zum Ausgangspunkt umfangreicher synthetischer Arbeiten, da sie weitere funktionelle Gruppen enthielt und die Aussicht auf Gewinnung von Bis- oder sogar Tris-phosphonsäuren eröffnete.

Von den zahlreichen neuen Umsetzungen sind in der nächsten Abb. 2 formuliert. Bis-phosphonsäure-derivate **4** entstanden aus Dimethylformamid-acetal, wobei zweimal die Arbusow-Reaktion abläuft und zwei Phosphor-Kohlenstoff-Bindungen geknüpft werden.

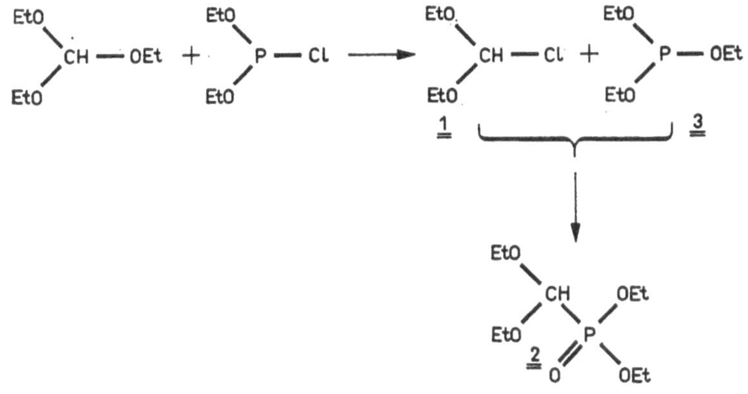

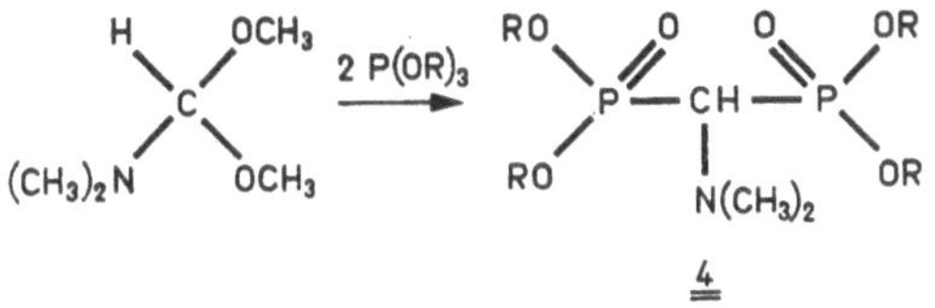

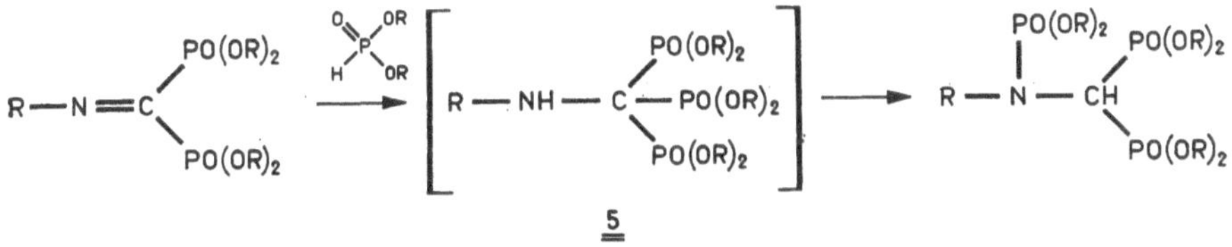

Tris-phosphonsäure-derivate **5** widerstanden lange den Syntheseversuchen. Die naheliegende Bildungreaktion, die hier formuliert ist, führte regelmäßig zur Wanderung eines Phosphorylrestes vom Kohlenstoff zum Stickstoff.

Schlüsselreaktion dieser Umsetzungen ist die von dem russischen Chemiker Arbusow entdeckte Umlagerung beim Alkylieren von dreiwertigen Phosphorverbindungen. Das primäre Alkylierungsprodukt **6** geht durch Entalkylierung in ein Phosphonsäurederivat über.

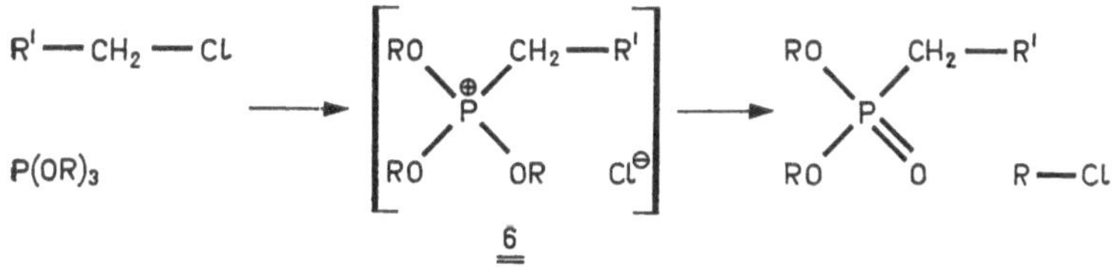

Diese Reaktion fand Jahrzehnte nach ihrer Entdeckung in allergrößtem Maßstab Anwendung in der Industrie. Sie gestattet den einfachen Aufbau der Phosphor-Kohlenstoff-Bindung und ist daher die wichtigste Reaktion zur Synthese von Phosphonsäureestern, die heute eine bedeutende Rolle als Pflanzenschutzmittel spielen. Eine Reihe solcher Verbindungen zeigt die nachstehende Abbildung.

Bioaktive Verbindungen mit P–C–Bindung

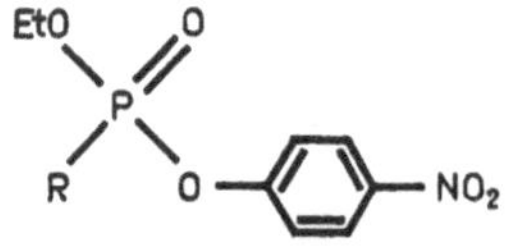

EPN: R = C_6H_5 *(Insektizid)*

Armin: R = C_2H_5

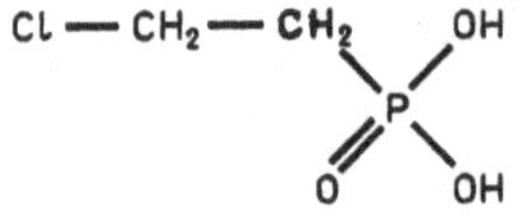

Camposan

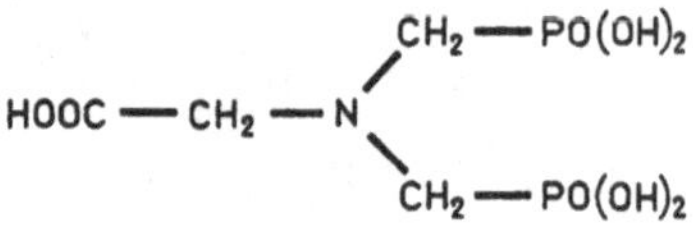

Polaris

$HOOC—CH_2—NH—CH_2—PO(OH)_2$

Roundup

In diese Abbildung ist bereits das Campson aufgenommen. Es ist eine Chloräthan-phosphonsäure. Ihre Synthese liegt in dem Feld, das durch die oben skizzierten Arbeiten und die Arbeiten anderer Laboratorien erschlossen worden war: Zur Synthese wurde Phosphortrichlorid mit Äthylenoxid zum Phosphorigsäureester **7** umgesetzt, der anschließend einer intramolekularen Arbusow-Reaktion unterworfen wurde. Durch eine ähnliche Synthese war die Substanz in Laboratoriumsmengen bereits zugänglich.

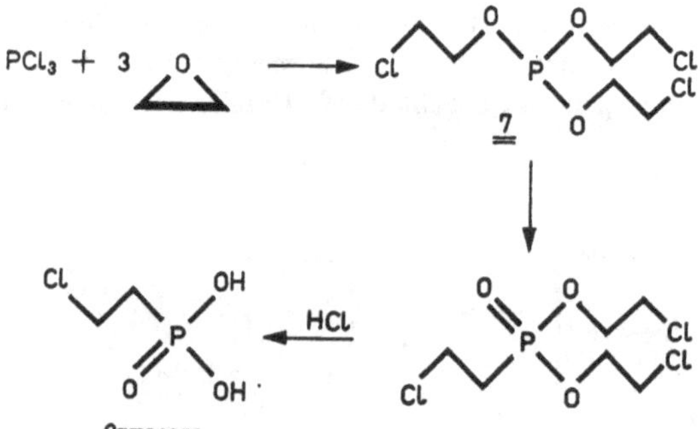

Camposan

Die Ausarbeitung und Vorbereitung einer industriellen Synthese konnte auf den mehrjährigen Erfahrungen aufbauen, die an den angedeuteten Umsetzungen erarbeitet worden waren und gelang daher in erstaunlich kurzer Zeit, wie nachfolgende Daten zeigen:

Im März 1971 kam die Anfrage vom Institut für Obstbau der Akademie der Landwirtschaftswissenschaften, ob die Synthese von einigen Kilogramm β-Chloräthan-phosphonsäure möglich wäre. Nachdem eine schnelle Orientierung ergeben hatte, daß der Wunsch ein zukunftsträchtiges Produkt betraf, wurde innerhalb von drei Monaten eine patentfähige Synthese im Labormaßstab ausgearbeitet. Zum Jahresende wurde über eine Produktion im Technikumsmaßstab diskutiert, die bereits ab Sommer 1972 lief. Ab Herbst 1972 wurde an kontinuierlichen Verfahrensstufen gearbeitet. Im gleichen Jahr im Chemischen Kombinat Bitterfeld angelaufene Arbeiten führten 1973 zum Bau einer Pilotanlage und zur Produktion im Tonnenmaßstab für Großversuche in der Landwirtschaft. 1974 wurde die Versuchsproduktion verzehnfacht. Seit 1975 produziert die technische Anlage in Bitterfeld.

Eine Verallgemeinerung der Erfahrungen ist schwierig. Als Ergebnis der Grundlagenforschung ist eine wissenschaftliche Höchstleistung gewünscht, die technisch lösbar ist und Aussicht auf eine gute Ökonomie hat.

Voraussetzung ist das Vorhandensein eines leistungsfähigen Kollektivs, das Wissen und experimentelle Erfahrung akkumuliert hat. Das Arbeitsgebiet soll wissenschaftliche Attraktivität mit einer volkswirtschaftlichen Perspektive vereinen. Dabei muß das bearbeitete Gebiet breiter sein als der Weg zu einer neuen Verbindung; ein methodischer Fortschritt ist anzustreben.

Besonders wichtig ist eine gute Kooperation mit der Industrie, bei der beide Seiten das tun, wozu sie die besten Voraussetzungen haben.

G. Öhlmann

Zur schnellen Nutzbarmachung von Teilergebnissen der Grundlagenforschung

Die Grundlagenforschung orientiert sich oft auf die Lösung von Fragestellungen mit allgemeinerer Bedeutung, ohne daß ihre Einzelergebnisse bereits für sich genommen eine direkte Konsequenz für die industrielle Nutzung besitzen müßten. Diese ergibt sich meistens erst später aus einer größeren Summe von Erkenntnissen, die sich zu einer theoretischen Verallgemeinerung verdichten lassen und damit zugleich Leitlinie zu wissenschaftlich begründetem, praktischem Handeln werden kann.

Daß dennoch solche Fragestellungen — auch im Einzelergebnis — zu direkt verwertbaren Erkenntnissen führen können, läßt sich, wie wir meinen, auch am Beispiel der von uns bearbeiteten Katalysatoren molekularer Aufschichtung zeigen. Ausgangspunkt unserer Forschung aus der Sicht der Katalysetheorie war die Tatsache, daß die konkrete Wechselwirkung der reagierenden Moleküle auf der Katalysatoroberfläche stets nur mit einer begrenzten Zahl von Oberflächenatomen bzw. Atomgruppierungen erfolgt. Daraus ergibt sich die bedeutsame Frage, wie weit läßt sich die Anzahl der miteinander verbundenen Atome bzw. Ionen vermindern, ohne daß wesentliche Änderungen in den katalytischen Eigenschaften des jeweiligen Elements zu verzeichnen wären? Mit anderen Worten: besitzt ein Einzelion mit seiner unmittelbaren nächsten Nachbarschaft noch die gleichen Eigenschaften wie dasselbe Ion im kollektiven Verband seines Oxids und welchen Einfluß besitzt eine veränderte Mikroumgebung?

In den letzten Jahren haben verschiedene Autoren versucht, diese Frage für ausgewählte Elemente mit unterschiedlichen Methoden der Ionen-Isolierung zu beantworten [1]. Wir wollten hierzu einen Beitrag für die Vanadinoxide leisten und glaubten, isolierte Vanadinionen durch Wechselwirkung von Vanadinoxidtrichlorid mit Oberflächenhydroxylgruppen des Aerosils (SiO_2) und nachfolgender Hydrolyse der verbleibenden V-Cl-Bindungen erhalten zu können.

Experimentell konnten wir die erste Reaktion tatsächlich nachweisen. Je nach

$$\geqslant\!Si{-}OH + VOCl_3 \rightarrow\ \geqslant\!SiO{-}VO\begin{smallmatrix}\diagup Cl\\ \diagdown Cl\end{smallmatrix} + 2\,H_2O \rightarrow\ \geqslant\!SiO{-}VO\begin{smallmatrix}\diagup OH\\ \diagdown OH\end{smallmatrix} + 2\,HCl$$

der OH-Gruppenkonzentration der Aerosiloberfläche vermögen dabei auch mehr als eine OH-Gruppe mit dem gleichen Molekül Vanadinoxidtrichlorid zu reagieren.

Das primäre Ergebnis der Wechselwirkung ist also tatsächlich eine molekulardisperse Verteilung des Vanadins auf der Oberfläche in Form chemisch gebundener Vanadinoxidchloride. Entgegen den Erwartungen führt die Hydrolyse dieser Verbindungen jedoch nicht zu den entsprechenden oberflächen-gebundenen Molekülen der Vanadinsäure, sondern zu deren Loslösung von der Oberfläche. Das weitere Schicksal dieser freien Vanadinsäuremoleküle wird nun interessanterweise vor allem durch die Konzentration der Silanolgruppen bzw. von derem Verhältnis zur Konzentration der freien Vanadinsäure auf der Aerosiloberfläche bestimmt. Die Abb. 1 zeigt am Beispiel der Butenoxidation, daß die katalytischen Eigenschaften der entstehenden Aktivphasen des Vanadins bei konstantem Vanadingehalt sehr stark von der Silanolgruppenkonzentration abhängen und offenbar zwei Grenzzustände der Aktivität vorhanden sind (unterhalb und oberhalb von 0,5 mmol OH/g SiO_2). Verändert man bei konstanter Silanolgruppenkonzentration die Menge des aufgeschichteten Vanadins (Abb. 2), so ergibt sich auch hier eine signifikante Änderung der auf die Vanadinmenge bezogenen Aktivität: mit Zunahme der Vanadinmenge wird die atomare Aktivität des Vanadins größer, wobei sich zumindest in der oberen Kurve ebenfalls Grenzzustände der Aktivität abzeichnen, wenn die Aktivitätsabnahme bei höheren Vanadingehalten auf die Bildung unzugänglicher (z. B. im Volumen von Mikrophasen) Vanadinatome zurückgeführt wird. Diese

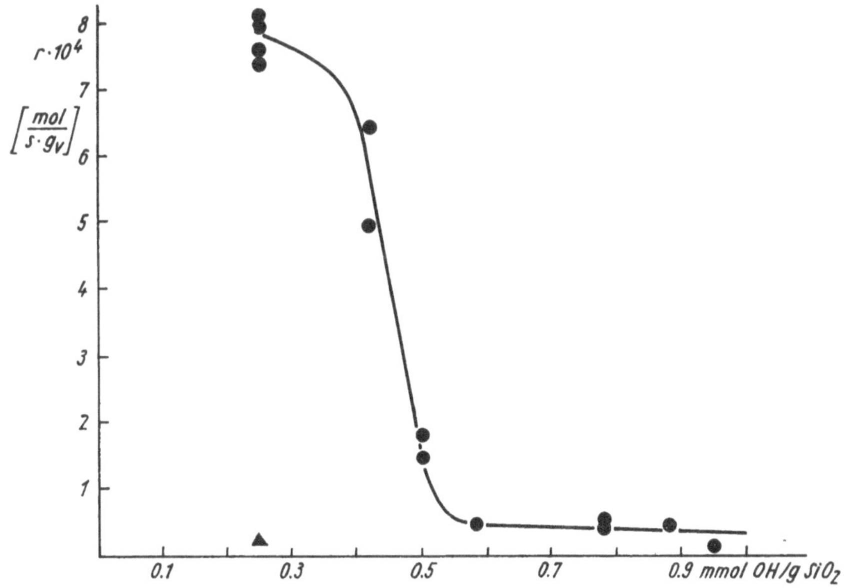

Abb. 1 Abhängigkeit der Vanadin-Aktivität von der aufgeschichteten Vanadinmenge bei der Oxidation von Buten bei 380 °C

Grenzzustände sind um so deutlicher, je kleiner die SiOH-Gruppenkonzentration gewählt wird; bei den Proben auf Aerosil mit höherer SiOH-Gruppenkonzentration ist der obere Grenzzustand offenbar noch nicht erreicht. Diese Besonderheiten der Aufschichtkatalysatoren werden an normalen Tränkkatalysatoren nicht beobachtet.

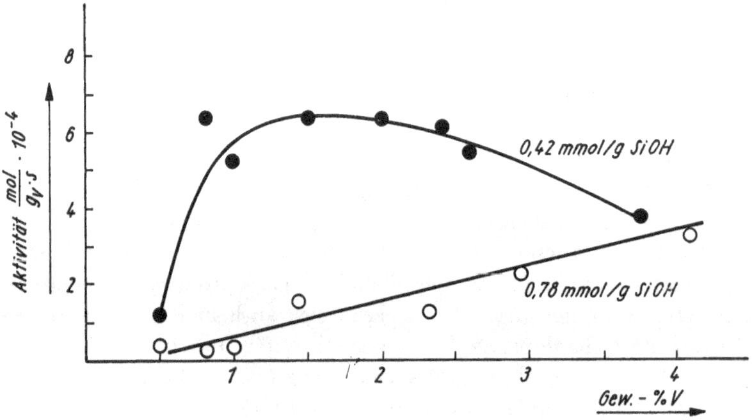

Abb. 2 Abhängigkeit der Vanadin-Aktivität von der Silanolgruppenkonzentration auf der Aerosiloberfläche bei konstanter Vanadin-Menge (Butenoxidation)

Aufgrund detaillierter Untersuchungen [2, 3], unter denen die Anwendung der Selektivadsorption und der diffusen Reflexionsspektroskopie besonders aufschlußreiche Ergebnisse brachten, konnten wir zeigen, daß die Grenzzustände im katalytischen Verhalten zwei Arten von Oberflächenverbindungen des Vanadins entsprechen. Bei geringen Vanadinkonzentrationen oder bei hohen SiOH-Gruppen-Konzentrationen entstehen Verbindungen, die das Vanadin in tetraedrischer Koordination enthalten und wahrscheinlich aus drei Vanadinatomen bestehen.

Bei hohen Vanadinkonzentrationen und geringem Angebot an SiOH-Gruppen auf dem Aerosil bilden sich bevorzugt Verbindungen mit oktaedrisch koordiniertem Vanadin, die sich wahrscheinlich aus 10—12 Vanadinatomen zusammensetzen.

Vergleicht man die Aktivitäten des Vanadins gegenüber der Butenoxidation (Tab. 1) in den verschiedenen Katalysatoren, so läßt sich feststellen, daß die Aktivität des Vanadins in der oktaedrischen Oberflächenphase praktisch mit der Aktivität des Vanadins in kristallinem V_2O_5 identisch ist. Dabei wurde die Aktivität des V_2O_5 nur auf den an der Oberfläche befindlichen Anteil des Vanadins bezogen. Molekulare Ensembles aus 10—12 Vanadinatomen besitzen also bereits die katalytischen Eigenschaften des V_2O_5. Dringt man jedoch in Dipersitätsbereiche mit noch kleineren Molekülgrößen der Aktivphase vor, so läßt sich zumindest bei den untersuchten Reaktionen (außer der Oxydation von Buten wurde noch die des Äthanols untersucht) eine erhebliche Aktivitätsabnahme be-

Tabelle 1

		Aktivität $\frac{mol}{g_V \cdot s}$
SKF-83 0,8% V	(tetraedrisch)	$0{,}38 \cdot 10^{-4}$
SKF-82 0,8% V	(oktaedrisch)	$8{,}07 \cdot 10^{-4}$
V_2O_5	(Kristallin, nur auf Oberfl. V^{5+} berechnet)	$8{,}37 \cdot 10^{-4}$
TKJ-36 0.8% V	(Tränkkatalysator)	$1{,}2 \cdot 10^{-4}$
	(Butenoxidation bei 380 °C)	

obachten. Werden die Katalysatoren nach dem sonst üblichen Tränkverfahren hergestellt, so erhält man offensichtlich selbst bei kleinen Oberflächenkonzentrationen keine molekular-disperse Anfangsverteilung des Vanadins auf der Oberfläche, sondern es kommt wahrscheinlich stets zur Bildung größerer Aggregate in denen Teile des Vanadins für die Reaktionspartner nicht mehr zugänglich sind. Als Folge hiervon entsprechen die Aktivitäten nicht den Werten einer optimal verteilten Aktivphase, wie sie sich nach dem Aufschichtprinzip erzielen lassen.

In diesem Entwicklungsstadium der Arbeit entstand die Frage, ob die hier angewandte Methode der Herstellung optimal verteilter aktiver Oberflächenphasen, bei der die einzusetzende Menge der Aktivkomponente auf das notwendige Ausmaß bechränkt werden kann, nicht auch für die industrielle Katalysatorproduktion anwendbar gemacht werden kann. Diese Frage erschien als besonders berechtigt, weil große Teile des Vanadins für die Katalysatorproduktion importiert werden müssen.

Als Objekt für die Anwendung des Aufschichtprinzips bot sich der Katalysator für die SO_2-Oxydation an. Seine Hauptkomponente ist V_2O_5, sein Produktionsumfang in der DDR erreicht beträchtliche Ausmaße, und seine Güte wird sehr wesentlich von der Güte der Verteilung der Aktivphase in der K_2SO_4-Schmelzphase innerhalb des Trägerporensystems bestimmt.

Von vornherein war klar, daß eine industrielle Anwendung nur dann gelingen konnte, wenn das Vanadinoxidchlorid nicht direkt als Ausgangssoff eingesetzt werden mußte, sondern gewissermaßen in situ, während des Herstellungsprozesses des Katalysators intermediär erzeugt werden konnte.

In enger Zusammenarbeit mit dem Nutzer, der Katalysatorfabrik im Chemiekombinat Bitterfeld, gelang es innerhalb kurzer Zeit, eine Technologie zu entwickeln, die es erlaubt, alle Vorgänge der Aufschichtung mit der intermediären Bildung der Aufschichtkomponente in einem Kessel zu vereinen. Das gelingt durch die thermische Behandlung des Katalysatoransatzes in Gegenwart von Chlorwasserstoff und einem Produktionsmittel [4]. Die Anwendung dieser Technologie im technischen Maßstab zeigte, daß sich auf diese Weise Katalysatoren herstellen lassen, die aufgrund der verbesserten Aktivphasenverteilung die erforderlichen Aktivitätswerte bereits mit geringeren Vanadinkonzentrationen erreichen. Darüber hinaus erlaubt die Technologie einen direkten Einsatz von verbrauchten Katalysatoren sowie von ölgefeuerten Kraftwerksrückständen als V_2O_5-Rohstoffquelle. Dadurch entsteht ein beträchtlicher ökonomischer Nutzen.

Insgesamt gesehen war dieses Ergebnis möglich, weil die Grundlagenforschung trotz ihrer zunächst vorwiegend wissenschaftlichen Zielstellung auf Gebieten von praktischer Bedeutung angesiedelt war, weil eine enge Partnerschaft mit einem risikofreudigen Industriepartner bestand, dessen Bedürfnisse wir kannten, weil wir uns selbst die Aufgabe gestellt hatten, eine industriell nutzbare Technologie des Aufschichtprinzips zu finden und dafür die Untertsützung des Partners und die Gemeinsamkeit beim Großversuch vorhanden war.

Literatur

[1] G. K. Boreskow: "Poceedings of the Sixth International Congress on Catalysis", London 1976, The Chemical Society Burlington House, London, W 1 VOBN, Seite 204.

[2] W. Hanke, R. Bienert, H.-G. Jerschkewitz, Z. anorg. allg. Chem. 414, 109–129 (1975).

[3] W. Hanke, K. Heise, H.-G. Jerschkewitz, G. Lischke, G. Öhlmann u. B. Parlitz, Z. anorg. allg. Chem. 438, 176 (1978).

[4] WP Nr. 110 258 (DDR) Verfahren zur Herstellung von Katalysatoren, R. Haase, C. Kain, J. Scheve, H. Müller, G. Öhlmann, U. Illgen.
WP Nr. 114 520 (DDR) Verfahren zur Herstellung von Katalysatoren, R. Haase, C. Kain, J. Scheve, H. Müller, G. Öhlmann, U. Illgen.

B. Philipp und G. Reinisch

Grundlagenforschung über chemische Hilfsmittel — Ergebnisse und Nutzungsaspekte

Die Bereitstellung einer ausreichend breiten Palette hochwertiger chemischer Hilfsmittel für die verschiedensten Zweige der Volkswirtschaft ist heute in allen sozialistischen Ländern eine wesentliche volkswirtschaftliche Aufgabe, deren Lösung sowohl den Aufbau geeigneter kleintonnagiger Produktionsanlagen als auch eine intensive Forschung zur rationellen Herstellung solcher Produkte und zu ihrem zweckmäßigen Einsatz erfordert. Im folgenden Beitrag soll über einige Ergebnisse auf diesem Gebiet berichtet werden, die in enger Kooperation zwischen Instituten des Forschungsbereiches Chemie unserer Akademie mit unserer volkseigenen Zellstoff- und Papierindustrie erzielt wurden, und es soll dabei versucht werden, einige Ableitungen für eine zweckmäßige Anlage solcher Forschungsarbeiten im Hinblick auf ein optimales volkswirtschaftliches und wissenschaftliches Wirksamwerden zu treffen.

Nur kurz erwähnen möchte ich unsere Arbeiten zur wissenschaftlichen Durchdringung eines seit langem praktizierten großtechnischen Prozesses, nämlich der Herstellung des wichtigen Papierhilfsmittels Carboxymethylcellulose, wobei sich während der Bearbeitung immer wieder zeigte, wie viele grundsätzliche wissenschaftliche Probleme selbst bei einem so lange bekannten und in chemischer Hinsicht scheinbar so übersichtlichen Verfahren noch offen sind, wenn man beispielsweise nur an die Kinetik der alkalischen Hydrolyse der Monochloressigsäure unter technischen Reaktionsbedingungen als einer die Ökonomie des Verfahrens entscheidend beeinflussenden Nebenreaktion denkt. Sicher kann man bei solchen Arbeiten zur wissenschaftlichen Durchdringung großtechnischer Prozesse generell davon ausgehen, das solche Erkenntnisse relativ kurzfristig und meist ohne großen Investitionsaufwand für die weitere Rationalisierung und Optimierung von Verfahren genutzt werden können und deshalb auch bei den Industriepartnern generell auf großes Interesse stoßen, jedoch ist es nach unseren Erfahrungen notwendig, gerade auch hier genügend Aufwand an Zeit und Arbeitskraft in die Herausarbeitung einer volkswirtschaftlich und wissenschaftlich lohnenden Fragestellung für die Grundlagenforschung zu stecken. Eine solche Fragestellung sollte unseres Erachtens sich weder in der Lösung von Tagesproblemen der Industrie erschöpfen, noch sich ausschließlich auf von der industriellen Praxis sehr weit abliegende Modellsysteme beschränken, sondern vielmehr eine grundsätzliche umfassende und wissenschaftlich fundierte Lösung solcher Probleme anstreben, die im Zusammenhang mit dem betreffenden Prozeß immer wieder unter den verschiedensten Aspekten auftauchen, ohne daß sie von seiten der betrieblichen Forschungskollektive bisher einer generellen Lösung zugeführt werden konnten.

Lassen Sie mich nun etwas ausführlicher auf Ergebnisse und Erfahrungen der Grundlagenforschung bei 2 Produktentwicklungen auf dem Hilfsmittelgebiet eingehen, nämlich auf Arbeiten zur Herstellung, Charakterisierung und Applikation von Cellulosepulvern einerseits, Konduktivpolymere für die Elektrophotographie andererseits.

Unseren gemeinsam mit Institutionen des Industriezweigs Zelltoff, Papier und Pappe durchgeführten Arbeiten über hydrolytisch abgebaute Cellulosepulver lag eine Aufgabenstellung dieses Industriezweiges zugrunde mit dem Ziel, solche Pulver vor allem als Hilfs- und Zusatzstoffe für kalorienreduzierte Nahrungsstoffe bereitzustellen. Das Ergebnis dieser Forschungskooperation ist heute eine produzierende Pilotanlage im Werk Weißenborn, deren Produktpalette (Abb. 1) vielfältigen Einsatz in verschiedenen Zweigen der Volkswirtschaft, allerdings vorerst nicht in der Nahrungsgüterindustrie, findet. Die enge Kooperation spiegelt sich rein äußerlich auch in der Markenbezeichnung HEWETEN wieder, die aus den Anfangsbuchstaben der Orte Heidenau, Weißenborn, Teltow und Niederschlag zusammengesetzt ist, in denen die beteiligten Forschungsinstitutionen ihren Sitz haben. Die Entwicklung und Erprobung der Herstellungstechnologie erfolgte arbeitsteilig gemeinsam durch alle beteiligten Partner, wobei gleichzeitig grundsätzliche wissenschaftliche Erkenntnisse zum Einfluß von Quellungszustand, Trocknung und mechanischer Beanspruchugn der Cellulose auf den Verlauf ihres hydrolytischen Abbaues gewonnen wurde. Die im Rahmen einer breitangelegten Applikationsforschung notwendigen Arbeiten zur vertieften Charakterisierung von

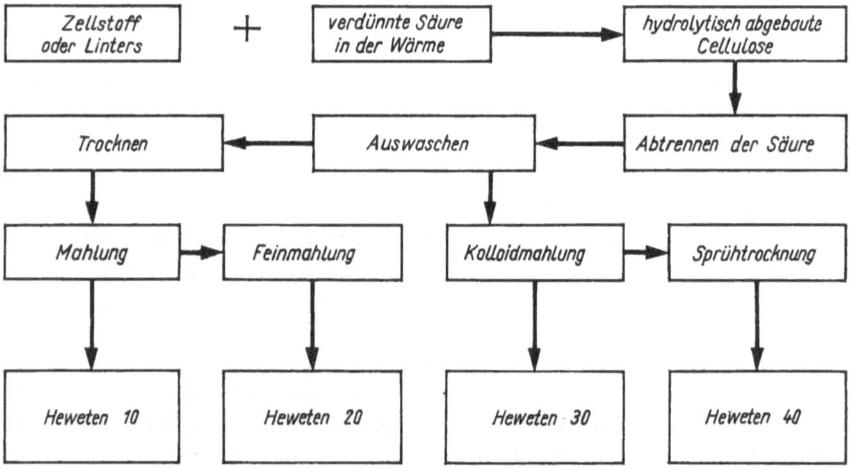

Abb. 1 Schema der Herstellung von HEWETEN-Cellulose-Pulvern

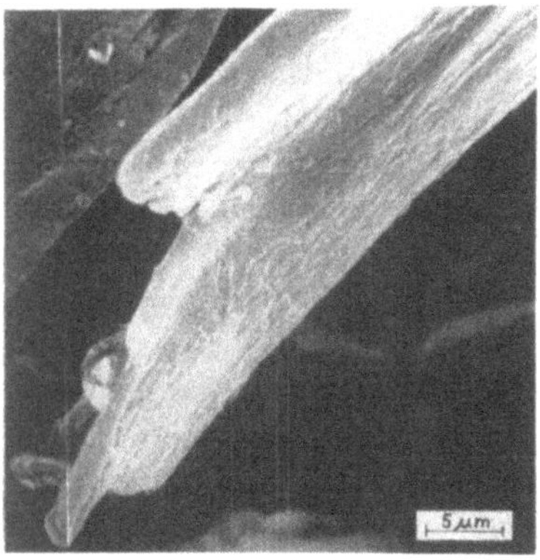

Abb. 2 a

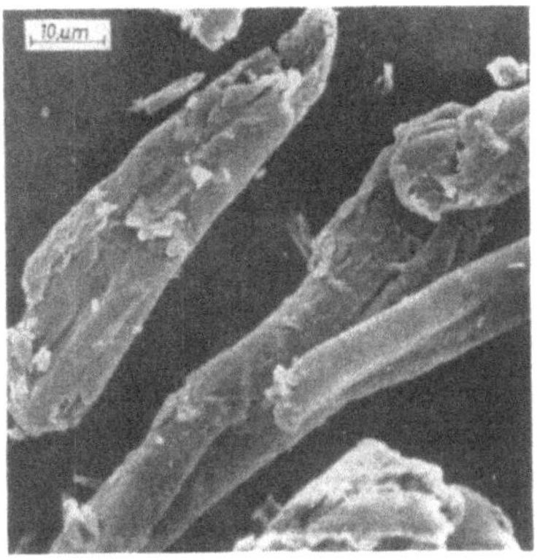

Abb. 2 b

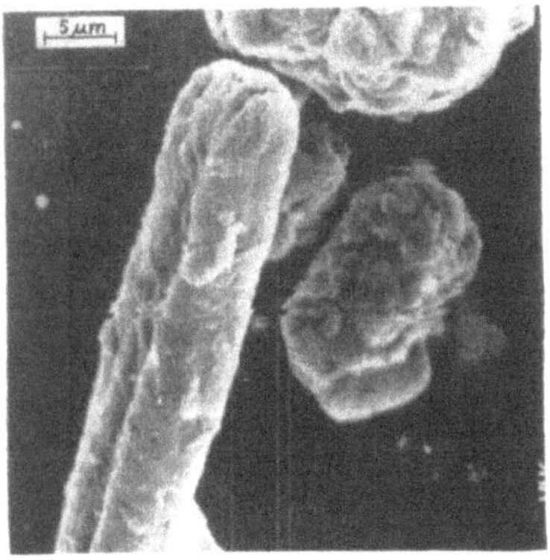

Abb. 2 c

Abb. 2 Rasterelektronenmikroskopische Aufnahmen verschiedener Cellulosepulver

a) durch mechanische Zerkleinerung von Linters gewonnenes Pulver
b) durch hydrolytischen Abbau von Linters gewonnenes Pulver
c) durch hydrolytischen Abbau, Naßvermahlung und anschließende Sprühtrocknung von Linters gewonnenes Pulver

Aufnahmen von A. Schaper, IPOC Teltow, am Institut für Festkörperphysik und Elektronenmikroskopie der AdW

Cellulosepulvern gaben Anlaß, sich im Teltower Institut erneut und vertieft mit Fragen der Cellulosemorphologie bei den Ausgangsmaterialien wie bei den Pulvern zu beschäftigen, da diese Morphologie entscheidend die Einsatzeigenschaften der Produkte beeinflußt (Abb. 2). Im Zuge dieser Arbeiten stießen wir auf die Frage der Quantifizierung morphologischer Parameter als ein offenes Problem nicht nur bei Cellulosepulvern, sondern als grundsätzliche und weitgehend ungelöste Frage für die gesamte Celluloseforschung. In enger Kooperation mit dem Pathologischen

Institut der Universität Jena und dem Lehrstuhl für Papiertechnik der Technischen Universität Dresden haben wir diese Fragenstellung jetzt in breiterem Rahmen aufgegriffen und halten es mit voller Zustimmung des dieser Arbeiten finanzierenden Industriepartners für richtig und notwendig, dieser neuen methodischen Richtung das notwendige Maß an wissenschaftlichem Eigenleben zu gewähren, selbstverständlich immer in enger Kopplung zu praxisrelevanten Untersuchungsobjekten. Einige bisherige Ergebnisse seien anhand der folgenden Abbildungen kurz umrissen. Abb. 3 faßt die an verschiedenen Cellulosepulvern erhaltenen quantitativen Aussagen zur Partikelanisometrie zusammen, wobei wir uns eines kommerziellen Bildauswertegerätes bedienten. Abb. 4 veranschaulicht die grundsätzliche Möglichkeit einer zweidimensionalen Größen- bzw. Formanalyse von anisometrischen Partikeln beim Durchströmen einer Kapillare mit Hilfe von Streulichtmessungen, wobei unter Verwendung der von Dozent Dr. Unger, TU Dresden, entwickelten Meß- und Auswerteappratur der durch das Einzelpartikel hervorgerufene elektrische Impuls nach Länge und Höhe automatisch klassifiziert wird und dann das auf diese Weise an 10^3 bis 10^4 Einzelpartikeln erhaltene Meßergebnis über EDV einer statistischen Auswertung unterworfen wird.

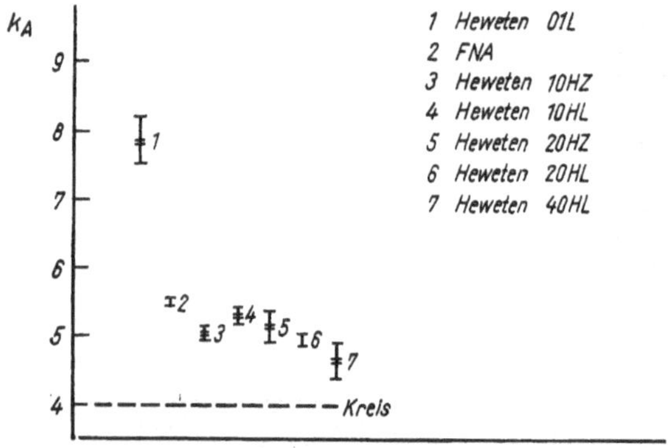

Abb. 3 Mittlerer Anisotropiefaktor verschiedener Cellulosepulver, erhalten durch Auswertung der projezierten Partikelflächen im „Quantimet 720“ (Bezugsbasis Kreisfläche mit Anisometriefaktor = 4)

Wie bereits erwähnt, waren unsere Arbeiten zur morphologischen Charakterisierung der Cellulosepulver Teil einer breitangelegten Applikationsforschung, wobei neben dem Einsatz in der Ernährung zugleich Einsatzmöglichkeiten in pharmazeutischer und kosmetischer Industrie, als Verbundkomponente in Plasten, als Filterhilfsmittel und schließlich sogar als Nährmedienkomponente bei der Enzymgewinnung untersucht wurde. Die Ergebnisse dieser breiten unter den einzelnen Partnern abgestimmten Applikationsforschung ermöglichten dann relativ kurzfristig eine Umdisposition für den Einsatz der Produkte, als sich nämlich auf Grund neuerer ernährungsphysiologischer Untersuchungen gewisse Bedenken ge-

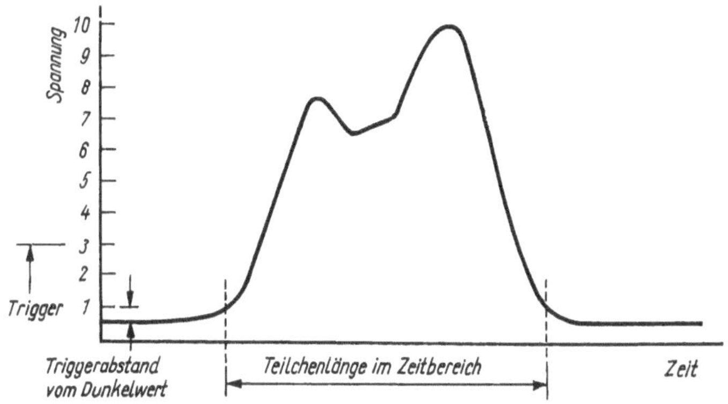

Abb. 4 Impulsprofil eines Cellulosepulverpartikels bei der Streulichtmessung an der strömenden Pulversuspension (Apparatur nach Dozent Dr. E. W. UNGER, TU Dresden)

gen einen Einsatz in Nahrungsmitteln erhoben, die im Interesse der Gesunderhaltung unserer Menschen eine Freigabe als Lebensmittelzusatz zumindest so lange verbieten, bis durch jetzt laufende gemeinsame Untersuchungen mit dem Zentralinstitut für Ernährung der AdW diese Bedenken durch exakte experimentelle Ergebnisse zerstreut werden können. Ich habe diese Problematik deshalb etwas ausführlich behandelt, um einmal zu zeigen, wie selbst bei einem wissenschaftlich und technologisch gut abgesicherten Überführungsvorhaben unerwartete neue Erkenntnisse zur zeitweiligen oder vollständigen Aufgabe einer ganzen Einsatzrichtung zwingen können, obwohl in diesem Falle diese Einsatzrichtung auf Basis einer ausdrücklichen WHO-Empfehlung konzipiert war, und wie wichtig es zum anderen ist, bei neuen, im Pilotmaßstab erzeugten Produkten von vornherein die notwendige Variabilität im Typensortiment und in den Einsatzgebieten vorzusehen.

Das zweite Biespiel einer produktorientierten Forschung auf dem Hilfsmittelgebiet, nämlich die Synthese, Charakterisierung und Applikation kationischer Polyelektrolyte für den Einsatz als Konduktivharze in der Elektrophotographie wurde auf Basis von Studien im Rahmen der Initiativforschung des Instituts für Polymerenchemie konzipiert. Diese Arbeiten zur Synthese und Charakterisierung von Polymeren auf Basis von Dimethyldiallylammoniumchlorid (Abb. 5) wurden von vornherein mit applikationsorientierten Arbeiten unter Einbeziehung von Partnern aus der Zellstoff- und Papierindustrie gekoppelt, wobei sich sehr bald die gute Eignung schon der ersten Laborprodukte für die Herstellung von Elektrophotographiepapieren zeigte und dieses Ergebnis dann nach Bereitstellung größerer Produktmengen bestätigt wurde. Entscheidend für die Vorbereitung der Überführung war, daß gleichzeitig mit den Applikationsuntersuchungen der Syntheseprozeß soweit als möglich rationalisiert wurde, wobei wir schließlich bei einem abproduktfreien Eintopfverfahren anlangten. Nach diesem Eintopfverfahren

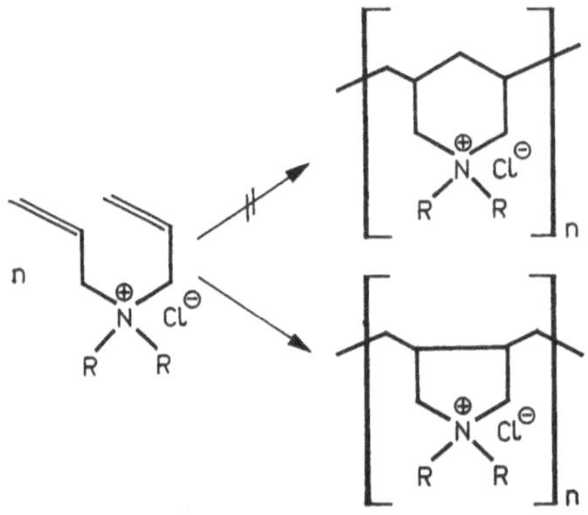

Abb. 5 Schema der Cyclopolymerisation von Dimethyldialylammoniumchlorid

wurden inzwischen im Technikum des Zentralinstituts für organische Chemie Produktmengen von etwa 1 Tonne hergestellt, die einerseits die Basis für Großversuche zum Einsatz des Produktes in der Papierindustrie sind, die andererseits im Zuge ihrer Herstellung notwendige Voraussetzungen für die weitere Vorbereitung einer Produktionstechnologie schufen und mit denen schließlich drittens neue Applikationsgebiete erschlossen werden. Durch die Synthese- und Applikationsarbeiten in einem größeren Maßstab wurden wesentliche Voraussetzungen für die jetzt getroffene Entscheidung einer Produktionsaufnahme geschaffen, wobei allerdings festgestellt werden muß, daß hier im Interesse einer raschen Überführung die der Akademieforschung im Normalfalle gesetzte Grenze hinsichtlich Größe der Produktcharge bewußt überschritten wurde, und ein solches Vorgehen sicher nicht in jedem Falle möglich und rentabel ist. Der weitere Auf- und Ausbau von Akademie-Industrie-Komplexen könnte hier auch für die Nutzung produktorientierter Forschung auf dem Hilfsmittelgebiet noch rationellere Lösungen ermöglichen.

Welche Schlußfolgerungen lassen sich nun aus den hier dargestellten Beispielen für die zweckmäßige Anlage und Durchführung von Forschungsarbeiten für kleintonnagige Produkte mit dem Ziel einer möglichst raschen Produktionsüberführung ableiten?

1. Die Anregung für eine Aufgabenstellung kann sowohl vom Industriepartner als auch aus dem betreffenden Akademieinstitut kommen und gleichermaßen zum praktischen Erfolg führen, wenn eine rechtzeitige, engagierte und absolut offene Partnerschaft zwischen Institut und Industriepartner gewährleistet ist.

2. Im Rahmen der Partnerschaft zwischen AdW und Industrie muß unabhängig von der jeweiligen Finanzierungsform gewährleistet sein, daß einerseits die vom Industriepartner objektiv begründbaren Randbedingungen einer Produktionsaufnahme schon in der Forschung genügend Beachtung finden, daß andererseits im

Akademieinstitut die zielstrebige Produktentwicklung mit der notwendigen theoretischen Vertiefung, zum Beispiel mit Arbeitern zu Kinetik und Mechanismus des Prozesses oder mit der Entwicklung neuer Charakterisierungsmethoden gekoppelt wird, und daß der beteiligte Industriepartner solche Arbeiten nicht nur kollegial duldet, sondern von ihrer Notwendigkeit überzeugt wird und sie dann seinerseits voll unterstützt.

3. Produktsynthese und Synthesetechnologie sind gleichrangige wissenschaftliche Aufgaben. Damit kommen präparativen, analytischen und kinetischen Forschungsarbeiten gleiche Bedeutung bei der Vorbereitung einer Produktionsaufnahme zu.

4. Da über die Nutzbarkeit eines Produktes einzig und allein die praktische Einsatzprüfung entscheidet, muß diese in Form einer genügend breit angelegten Applikationsforschung — evtl. unter Einbeziehung weiterer Partner — so früh als möglich begonnen werden. Durch Ermittlung aussagekräftiger Einzelkennwerte können dabei dem Synthesechemiker wichtige Hinweise für die einsatzbezogene Optimierung des Produktes gegeben werden.
5. Für diese Grundlagenarbeiten zur Applikation und Charakterisierung erweist es sich als günstig, wenn die Produkte der Syntheseforschung im Maßstab von wenigstens einigen 100 g zur Verfügung stehen, um unter Verwendung der gleichen Produktcharge Alternativen für die Applikation prüfen zu können; denn eine größere Anwendungsbreite eines Produktes ist eine volkswirtschaftlich sichere Grundlage für eine angestrebte Produktionsaufnahme. Hierbei ist es nach vorliegenden Erfahrungen nicht notwendig, alle diese Alternativen im AdW-Institut oder beim unmittelbaren Industriepartner zu untersuchen; es kann vielmehr — ebenso wie bei methodischen Entwicklungen — in vielen Fällen eine Kooperation mit Hochschulinstitutionen oder Institutionen anderer Wirtchaftszweige aufgebaut werden, wobei der vollen Ausschöpfung dieser Reserven oft noch ein ungenügender Informationsfluß entgegensteht.

6. Durch einen solchen Ausbau der nationalen und selbstverständlich auch der internationalen Kooperation sowie durch die notwendige Einbindung solcher auf spezielle Produkte gerichteten Arbeiten in große langfristig konzipierte Forschungstehemen, wie in unserem Falle die Themen „Heterogenreaktionen der Cellulose" und „Herstellung, Charakterisierung und Anwendung von Polyelektrolyten", läßt sich unseres Erachtens auch die gerade bei der hier aufgeworfenen Problematik bestehende Gefahr einer Zersplitterung der Forschungskapazität durch eine zu breite Verzweigung der vielfältigen Applikationsrichtungen vermeiden.

7. Gute Ideen zur Produktsynthese, zur Gestaltung und Optimierung des Herstellungsprozesses und zum Einsatz der Produkte lassen sich bei der Nutzbarmachung der Laborforschungsergebnisse durch keinen noch so schönen Algorithmus ersetzen.

E Pungor

Bemerkungen zu der Frage der Organisation der wissenschaftlichen Forschung

Bevor ich mich mit dem auf die Industrie ausgeübten Einfluß der wissenschaftlich-technischen Entwicklung befassen werde, möchte ich auf die Logik der wissenschaftlichen Forschung hinweisen.

Meiner Meinung nach müsen die Motive der wissenschaftlichen Forschung vor allem im Hinblick auf die Fragestellung klassifiziert werden. Falls diese aus der inneren Logik der Wissenschaft entspringt, so wird die erfolgreiche Forschungsarbeit der einzelnen Forscher vor allem die Kenntnisse der Wissenschaft vermehren. Diese auf individueller Basis angefangene Forschung von grundwissenschaftlichem Charakter ist grundsätzlich in allen Ländern notwendig.

Die andere Gruppe der Forschung befaßt sich mit der Lösung von Problemen, die sich aus Bedürfnissen der Gesellschaft ergeben, und deren Zielsetzung die Verwirklichung eines gesellschaftlich nützlichen Produktes ist.

Aus diesem Grunde möchte ich vor der Darstellung in den Punkten 4 und 5 des zugesandten Materials warnen, da meiner Meinung nach der Begriff der Grundlagenforschung in diesem Material in solchem Sinne gebraucht wird, daß dieser bei der Realisierung der zweiten Gruppe, d. h. der sogenannten Zielforschung, Störungen verursacht. Ich meine, es wäre angezeigt, die mit individueller Initiative erfolgenden Forschungen von den Zielforschungen grundsätzlich zu trennen. Dies wäre um so mehr logisch, da nicht nur die Initiativen beiderlei Forschungen voneinander grundsätzlich abweichen, sondern es weichen auch Niveau und die zur Forschung nötigen „Software"- und „Hardware"-Bedürfnisse voneinander ab.

Zuerst wollen wir sehen, wie man eine auf individueller Initiative erfolgende Forschung planen muß. Da das Ziel das Kennenlernen eines Naturgesetzes ist, soll es so geplant werden, daß die Aufgabe allgemeine wirtschaftliche Ziele nicht aussetzen soll; ich möchte sogar einen jeden davor warnen, einer derartigen Forschung wirtschaftliche Zielsetzungen zuzuordnen! Der Plan muß kein strenges Zeitprogramm haben.

Unterdessen, für Zielforschungen kann man ein gut definiertes Zeitprogramm planen, so daß die zur Zielsetzung nötigen Grundlagenforschungen, angewandten und Entwicklungsforschungen insgesamt gerechnet werden. Für das Projekt solcher Forschungen ist es vollkommen gleichgültig, daß all die zur Lösung wichtigen

Fragen, deren Reihenfolge und die Intensitätsparameter der einzelnen Forschungsetappen geplant werden müssen. Also, die Zielforschung hat eine strenge Strategie. Die Wirtschaftspolitik eines Landes soll die Zielforschung derart planen, daß diese ein Zielprogramm bilden. Es ist klar, daß das Zielprogramm keine „weißen Flecke" enthalten darf, wo Forschungen unterbleiben. Es ist aber auch klar, daß sämtliche Zielforschungen eines ganzen Zielprogrammes nicht auf einmal geplant, begonnen und parallel realisiert werden können, und es ist unvorstellbar, daß mit neueren Forschungsergebnissen gewisse Gebiete des Zielprogrammes nicht geändert werden müssen. Also, wo man mit fixierten Plänen arbeiten muß, das ist die Zielforschung, während man bei dem Zielprogramm nur den Rahmen des Zielprogrammes planen kann.

Meiner Meinung nach hat in unseren Forschungsorganisierungen die Zielforschung nicht diejenige Rolle erhalten, die in der wissenschaftlich-technischen Revolution grundsätzlich notwendig ist und ohne welche die Entwicklung verzögert wird. Eine Reihe von Konzeptionsproblemen störte die Organisierung, so z. B. das Zusammenmischen der Grundlagenforschung der Zielforschung mit den zur Klärung der inneren Zusammenhänge der Wissenschaft notwendigen Grundlagenforschungen. Daraus folgte, daß viele Forscher die vorher erwähnten Grundlagenforschungen dem Staate so vorzuführen versuchten, als wären diese solche, aus denen ein wirtschaftlicher Nutzen direkt gezogen werden kann. Weiter war es ein Fehler, daß die Zielforschungen von der Realisierung getrennt wurden, was grundsätzlich falsch ist. Demzufolge erfolgte in unseren Staaten, natürlich auch bei uns in Ungarn, eine Spaltung zwischen Forschung und Realisieren der Zielforschungen. Dies ist natürlich ein Fehler der Organisation, bringt aber mit sich, daß die Geschwindigkeit in der Entwicklung unserer Industrie nicht ausreichend ist, während sich im Schreibtisch der Forscher eine Menge von guten Ideen anhäufen, die nicht realisiert wurden. Deswegen ist es grundsätzlich wichtig, die Zielforschung bis zur Entwicklung des erzielten Objektes zu planen und als Leistung nur das Produkt zu akzeptieren.

Natürlich, diese Organisationsarbeit erfordert viele Voraussetzungen. Einerseits können nur entwicklungsfähige industrielle Unternehmen diejenigen sein, die solche Zielforschungen sowohl als Auftraggeber als auch als Hersteller des erzielten Objektes zu unterstützen fähig sind. Andererseits muß das Risiko der Forschung von seiten des Staates zu den Unternehmen derart übertragen werden, daß diese sowohl in positivem als auch in negativem Sinne interessiert sein sollen.

Bitte nehmen Sie mir nicht übel, wenn ich hier auf eine wichtige negative Möglichkeit hinweise. Heutzutage schreiben die Forschungseinrichtungen auf der ganzen Welt sehr gerne in ihren Berichten über das große Volumen der Erzeugnisse, die ihrer Arbeit zu verdanken sind. Doch aus dem Gesichtspunkte des wissenschaftlichen Fortschritts ist die Qualität dieser Produktion überhaupt nicht gleichgültig. Im Hinblick auf die wissenschaftlich-technische Revolution kann diejenige Aktivität, deren Qualität kein Fortschreiten in unserer Wirtschaftspolitik bedeutet, ruhig abgeschrieben werden. Hier möchte ich auch darauf hinweisen, daß wir, falls das Niveau eines Industrieobjektes niedrig ist und es dazu nicht fähig ist, den wissenschaftlichen Erfordernissen von höherem Niveau zu entsprechen, nur scheinbare Erfolge der gegenseitigen Einwirkung zwischen Wissenschaft und Technik erhalten.

Bei solchen Unternehmen, bei denen das Tempo der Entwicklung gemäß internationalen Normen kalkuliert wird — wie dies in der sozialistischen Industrie allgemein der Fall sein sollte! — ist es daher grundsätzlich nötig, daß die wirtschafts- und wissenschaftspolitischen Konzeptionen in Einklang gebracht werden.

Ich bitte um Entschuldigung, daß ich meine Meinung bis jetzt nur im Allgemeinen dargelegt habe. Aber es liegt in der menschlichen Natur, daß sie sich gerne auf solche Gebiete verirrt, wo sie erlösende Ideen auszudrücken vermag, ohne dadurch die schweren Sorgen der Verwirklichung auf sich nehmen zu müssen! Doch, um die Glaubwürdigkeit meiner vorherigen Darlegungen etwas zu erhöhen, möchte ich im folgenden über diejenigen unserer Aktivitäten konkret reden, bei denen wir, wenn auch im kleinen, durch die vorher geschilderten Prinzipien geleitet wurden.

Wie Sie bereits wissen, leite ich das Institut für Allgemeine und Analytische Chemie der Technischen Universität zu Budapest und bin zu gleicher Zeit auch der Leiter einer Forschungsgemeinschaft der Ungarischen Akademie der Wissenschaften, die eigentlich aus drei Instituten unserer Fakultät besteht. In der Forschungsgemeinschaft, wie auch im Institut, haben wir uns als Prinzip vor Augen gehalten, daß auf die Grundlagenforschungen eigener Initiative etwa 20—25% der Kapazität der Geistestätigkeit und etwa 10—15% der materiellen Kräfte konzentriert werden sollen.

Solche, aus individueller Initiative hervorgegangenen Forschungen waren u. a. die theoretische Untersuchung von ionselektiven Elektroden oder das Studieren von organischen Flüssigkristallen. Von ähnlichem Charakter ist die Untersuchung der Kristallzustände von Oberflächenschichten mittels Fern-Infrarotspektroskopie. Die Forschungsergebnisse werden in regelmäßigen Perioden (6—8 Wochen) in Gruppenbesprechungen diskutiert und halbjährig oder ganzjährig untersucht; falls angezeigt, wird das Thema eventuell abgeschlossen und gemäß der Logik der Wissenschaft anstatt dessen ein neues Thema gewählt.

Eine Reihe von Zielforschungen werden in unserem Institut auch durchgeführt. Von diesen möchte ich nur einige erwähnen. Für die Mehrzahl von diesen ist charakteristisch, daß sich aus unseren in individueller Initiative durchgeführten Forschungen einige derartige Folgerungen ergaben, die zur Aufstellung von gewissen Zielforschungen einen Ausgangspunkt bedeuten.

Hier möchte ich bemerken, daß meiner Meinung nach außer der internationalen Anerkennung von Forschungen individueller Initiative, die z. T. in der Zahl und Menge der zitierten Arbeiten zum Ausdruck kommt, als eine andere wichtige Maßzahl der Bedeutung dieser Arbeiten das prozentuale Verhältnis in Frage kommen könnte, in welchem das Resultat auf technisch-naturwissenschaftlichen Gebieten Anregung zu Zielforschungen bietet. Falls in einem Land dieser Wert sich gegen 30—50% oder höher bewegt, dann ist das Verhältnis sehr schlecht, denn dies weist darauf hin, daß die Forschung individueller Initiative praktiziert worden ist, und als solche ernährt sie die Zukunft nicht in genügender Weise. Falls diese geringer ist als die prozentuale Dimension, dann ist die Forschung für das Land für die nahe Zukunft nicht ausreichend. Meiner Meinung nach bewegt sich der korrekte Wert zwischen 1—10% auf dem in einem Lande gepflegten Wissenschaftsgebiete.

Nun, sehen wir einige Beispiele aus meinem Institut an. Als ein solches möchte ich die Entwicklung eines elektrochemischen kontinuierlich arbeitenden Analysators hervorheben. Bei solchen Arbeiten ist die Zusammensetzung des Kollektivs charakteristisch. Von früheren schlechten Erfahrungen ausgehend, nehmen heutzutage industrielle Unternehmen auch als Partner an der Forschungsarbeit teil. Die Forschung wurde mit der Zielsetzung angefangen, kontinuierlich arbeitende und automatisierbare elektroanalytische Einrichtungen zu entwickeln, mündete jedoch als erster Schritt in Grundlagenforschungen. Wir mußten zuerst den Einfluß der Prandtl-Schicht-Struktur erforschen und dadurch die Effekte der laminaren und turbulenten Strömungen auf die Massenübertragung. Wir mußten das Signal-Geräusch-Verhältnis der verschiedenen Sensoren prüfen, die „Response-time" Funktionen untersuchen u. s.w., u. s. w. Sobald es uns die erhaltenen diesbezüglichen Forschungsergebnisse erlaubten, haben wir parallel auch die Forschungen im Interesse der Geräteentwicklung begonnen. Als die Grundlagenforschungen jenes Niveau erreichten, bei welchem die Entwicklungsforschung schon auf einer sicheren Basis stehen konnte, haben wir an den ersten Modellen die Anwendungsmöglichkeiten erprobt und entwickelt. Unsere Erfahrungen stimmen übrigens mit den internationalen Beobachtungen überein, und zwar in der Beziehung, daß von dem Aufwerfen einer Idee bis zum Abschluß eines Themas, d. h. bis zum Entstehen des Produktes, bei intensiver Arbeit etwa 4—6 Jahre notwendig sind.

Wir führen auch solche Zielforschungen durch, deren Entwurf mit den konkreten wirtschaftlichen Entscheidungen unseres Landes gekoppelt sind, im Gegensatz zu dem vorher erwähnten Thema, welches in den Kreis der allgemeinen wirtschaftspolitischen Entscheidungen einfach hineinpaßt.

Ein weiteres Beispiel zu einer solchen Zielforschung ist die mit dem Institut für agrarwirtschaftliche chemische Technologie unserer Universität gemeinsam ausgearbeitete Herstellung eines Karbamid-Fettsäure-Adduktes, welches von dem Unternehmen für Pflanzenölindustrie produziert wird. Im Zusammenhang mit diesem Thema war es bekannt, daß bei Wiederkäuern das Karbamid verwertbar ist und dies am besten in Form von solchen Addukten erzielt werden kann. Es war aber auch bekannt, daß Addukte von geeigneter Qualität praktisch nicht hergestellt werden können. Das Addukt zerfällt zum Teil schon während der Lagerung. Diese Sorgen waren der Grund für den Beginn jener Forschung, deren Ziel die Herstellung eines geeigneten Adduktes war und bei welcher zu der beginnenden Periode auch eine Grundlagenforschung nötig war. Im Laufe dieser Forschung untersuchten wir die wichtigsten Parameter der adduktblidenden

Reaktion und aufgrund dieser entwickelten wir ein Optimierungssystem, wonach schon eine Technologie aufgestellt werden konnte. Darauf folgte eine Forschungsarbeit zur Entwicklung der Technologie, wobei die Herstellung des Produktes aus dem Spray der systembildenden Komponenten in einem Fluidbett gelöst werden konnte. Die Forschungsarbeit wurde in dem Betrieb bei einer Fabrikationskapazität von etwa täglich 30 Tonnen beendet und das Produkt wird seither regelmäßig erzeugt.

Weitere Beispiele könnten noch aufgezählt werden, ich meine jedoch, es wäre angezeigt, wenn ich statt dessen die subjektiven Seiten des ganzen bisherigen objektiven Forschungssystems hervorheben würde. Wenn ich mich nur auf die beiden erwähnten Beispiele beziehe, muß ich unbedingt betonen, daß ähnliche Ergebnisse nur mit solchen Forschern zustandegebracht werden können, für die der Arbeitsplatz kein Amtslokal ist und deren Begeisterung und Glaube an die Lösung der Probleme die Wirkungskapazität ihrer Arbeitszeit vergrößern. Ich rede von Forschern, die die Zeit, die sie mit ihren Forschungen verbringen, nicht bedauern und Mut haben, die Schwierigkeiten der Realisierung zu bekämpfen. Da ich einige konkrete Beispiele erwähnt habe, denke ich, es wäre angezeigt, diejenigen von meinen Mitarbeitern, die über die früher geschilderten subjektiven Eigenschaften verfügen und dadurch die Forschung leiten und die Probleme mit Erfolg lösen konnten, auch persönlich zu benennen. Bei der Ausarbeitung des neuen elektroanalytischen Meßgerätes wirkten folgende mit: Klára Tóth, Dozent, Dr. Géza Nagy, Forscher, Dr. Zsófia Fehér, Forscher, Mária Váradi, Forscher, und László Bezur, Assistent und daneben ca. 30 Mitarbeiter. Bei der Forschung der Fettsäure-Addukt-Herstellung arbeiteten Dr. Lajos Fodor, Leiter des Institutes für agrarwirtschaftliche chemische Technologie und Dr. Sándor Gál, Dozent, mit ungefähr 30 weiteren Kollegen, wobei sie eine hochwertige Lösung des Problems erzielen konnten.

M. Rätzsch

Umfang und Reihenfolge von grundlegenden wissenschaftlichen Erkenntnissen, die bei der Entwicklung von Verfahren zur Synthese hochpolymerer Werkstoffe notwendig sind — am Beispiel der Entwicklung des Polymir-Verfahrens

1. *Ausgangspunkt*

Zum Umfang

Nur in wenigen Fällen ist es bei *neu* entwickelten Verfahren möglich, vor Beginn der Überführung alle grundlegenden Forschungsarbeiten durchzuführen. Ursachen sind, daß deren Umfang anfänglich nicht immer exakt überschaubar ist, bzw. die Forschungsergebnisse nicht kurzfristig erarbeitet werden können, so daß eine Wertung der unbedingt benötigten Forschungsergebnisse erfolgen muß. Hier müssen die Fragen der Ökonomie der Zeit den damit verbundenen Risiken gegenübergestellt werden.

Zur Reihenfolge

Die für die Überführung notwendigen wissenschaftlichen Grundlagen müssen so geplant werden, daß sie zum richtigen Zeitpunkt vorliegen. Dazu müssen folgende Fragen beantwortet werden:

1. Welche Ergebnisse müssen vor Beginn einer Überführung vorliegen?
2. Welche Ergebnisse können parallel zur Realisierungsphase erarbeitet werden?
3. Welche Ergebnisse sind erst nach der Realisierung notwendig, bzw. erst möglich? Für letztere ist die fertiggestellte Anlage Voraussetzung für deren Erfüllung.

Eine erste Voraussetzung zur Beantwortung derartig komplizierter Fagen ist ein hohes Niveau der interdisziplinären Zusammenarbeit (ohne daß es dafür ein Schema geben kann!) mit Beiträgen von Grundlagenarbeiten von Verfahrenstechnikern, Projektanten, Physikern, Regelungs- und Automatisierungstechnikern, Maschinenbauern, Ökonomen u. a. Dabei wird oft die Bedeutung der Spezialisten unterschätzt, die „die Sprache" der Kooperationspartner verstehen.

Eine zweite Voraussetzung ist die Nutzung aller Möglichkeiten der nationalen und internationalen sozialistischen Kooperation, wie sie am Beispiel der Realisierung des Verfahrens „Polymir" und der Errichtung der Anlage „Polymir 50" erreicht wurden und die in Vorbereitung der Anlage „Polymir 60" weiter ausgebaut wurden.

Besonderheit für Polymersyntheseprozesse

In Abb. 1 sind die wichtigsten technologischen Schritte für Anlagen zur Herstellung hochpolymerer Werkstoffe zur Übersicht dargestellt. Polymersynthese-

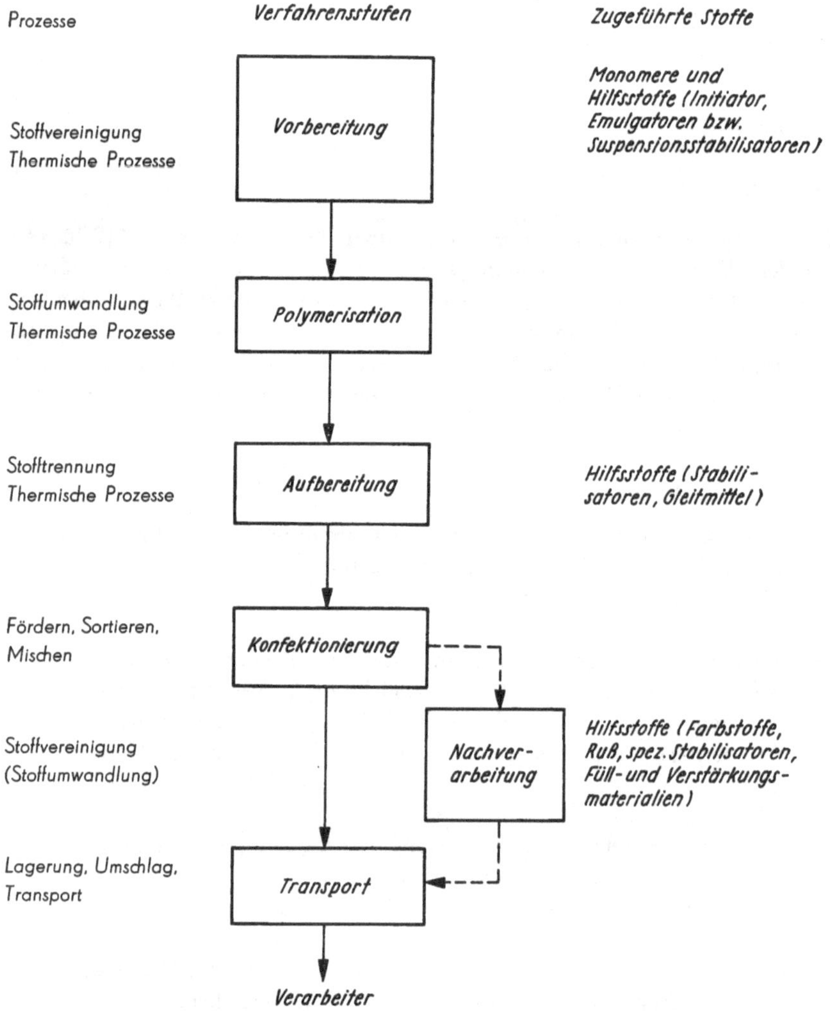

Abb. 1 Darstellung der wichtigsten technologischen Schritte für Anlagen zur Herstellung hochpolymerer Werkstoffe

prozessen ist eigen, daß die Eigenschaften und auch der Gehalt an Verunreinigungen bei der Synthese geprägt werden und eine nachträgliche Verbesserung nur in wenigen Fällen (z. B. durch Homogenisierung) möglich ist.

Es ist große Aufmerksamkeit darauf zu richten, daß es in den der Synthese nachfolgenden Anlagenteilen (Förderung, Lagerung, Versand) nicht zu einer Verschlechterung der Qualität und/oder zu einer Erhöhung des Anteils an minderer Qualität kommt.

2. *Darstellung des Umfanges grundlegender Forschungsarbeiten bei dem Verfahren zur Herstellung von Polyäthylen niederer Dichte (PE ND)*

Die molekulare Struktur von PE ND wird geprägt durch:

1. Ablaufende Elementarreaktionen (z. B. Start, Wachstum, Übertragung, Abbruch, Verzweigung) und Nebenreaktionen (z. B. β-Zerfall, Äthylen-Zerfall);
2. Kinetik der Reaktionen k_0, ΔE_A bzw. $\Delta H^{\neq}$, $\Delta S^{\neq}$, $\Delta V^{\neq}$;
3. Thermodynamik der Reaktionen ΔG, ΔH;
4. Phasenverhalten der Reaktionskomponenten;
5. Viskosität der Reaktionskomponenten;
6. Kompressibilität der Reaktionskomponenten;

Die übermolekulare Struktur von PE ND wird geprägt durch:

1. die molekulare Struktur;
2. den Vorgang der primären Strukturbildung;
3. die Schmelzehomogenisierung der primären Strukturen;
4. die Verarbeitung.

Die Reinheit des Polymeren wird erreicht durch:

1. die Reinheit der Reaktionskomponenten;
2. das Vermeiden von Zersetzungs- bzw. Oxidationsreaktionen;
3. die Trennung der hochviskosen Schmelze von Äthylen und niedermolekularen Bestandteilen;
4. Ausgasung von Äthylen aus dem PE-Granulat;
5. Rückvermischungsfreie Förderung und Lagerung des Granulats.

Die technische Stabilität der Anlage wird erreicht durch:

1. Entwicklung von Spezialstählen und speziellen Technologien für Hochdruckausrüstungen z. B. Hartmetallaufbuchsen für Kompressoren und Pumpen und Autofrettieren von Hochdruckrohren;
2. Spezifische technische und meßtechnische Entwicklungen z. B. Abdichtungen, Temperaturmeßfühler, Spezialarmaturen und Granuliervorrichtungen;

3. Entwicklung spezieller Schmiermittel für Kompressoren durch Messung von Viskosität, Kompressibilität und Phasenverhalten des Systems Äthylen/Schmiermittel;
4. Zuverlässigkeit der standardisierten Ausrüstungen und der BMSR-Technik.

Die Verringerung des Anfalls von Minderqualität ist möglich, durch:

1. eine hohe technische Stabilität;
2. Festlegung der Straßenkapazität nach Bedarf und Sortiment;
3. Entwicklung von effektiven An- und Umfahralgorithmen;
4. Qualifizierung des Bedienpersonals;
5. ein leistungsfähiges Informationssystem.

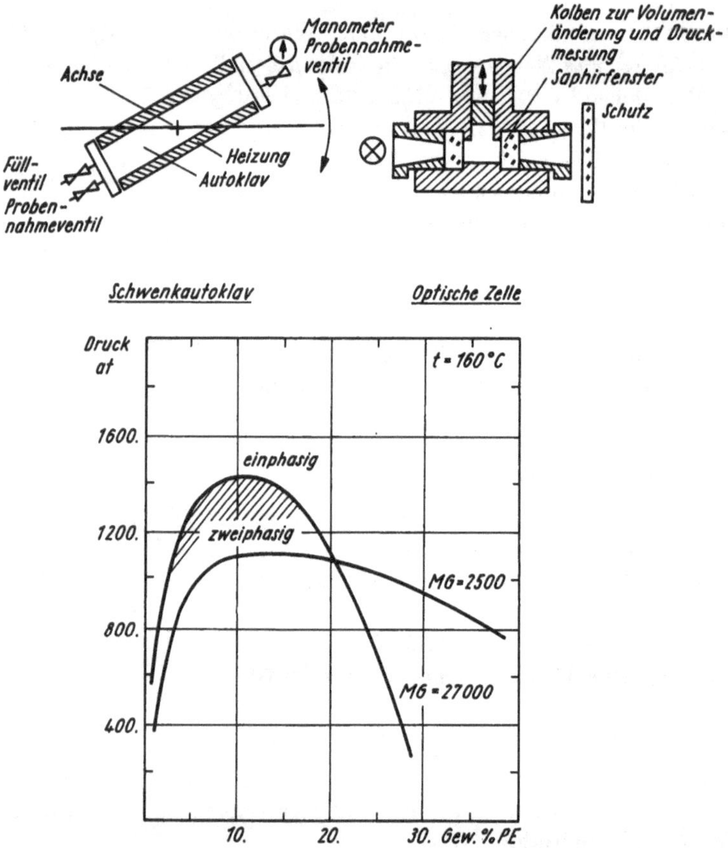

Abb. 2 Schematische Darstellung der Apparaturen zur Ermittlung des Phasengleichgewichtes Äthylen/Polyäthylen bis zu Reaktionsdrücken von 4000 at

3. *Reihenfolge der Forschungsarbeiten bis zur Inbetriebnahme*

Vor Beginn der Realisierungsphase müssen die Arbeiten zur Ermittlung der Einflußgrößen auf die molekulare Struktur, die technologischen Grundlagen,

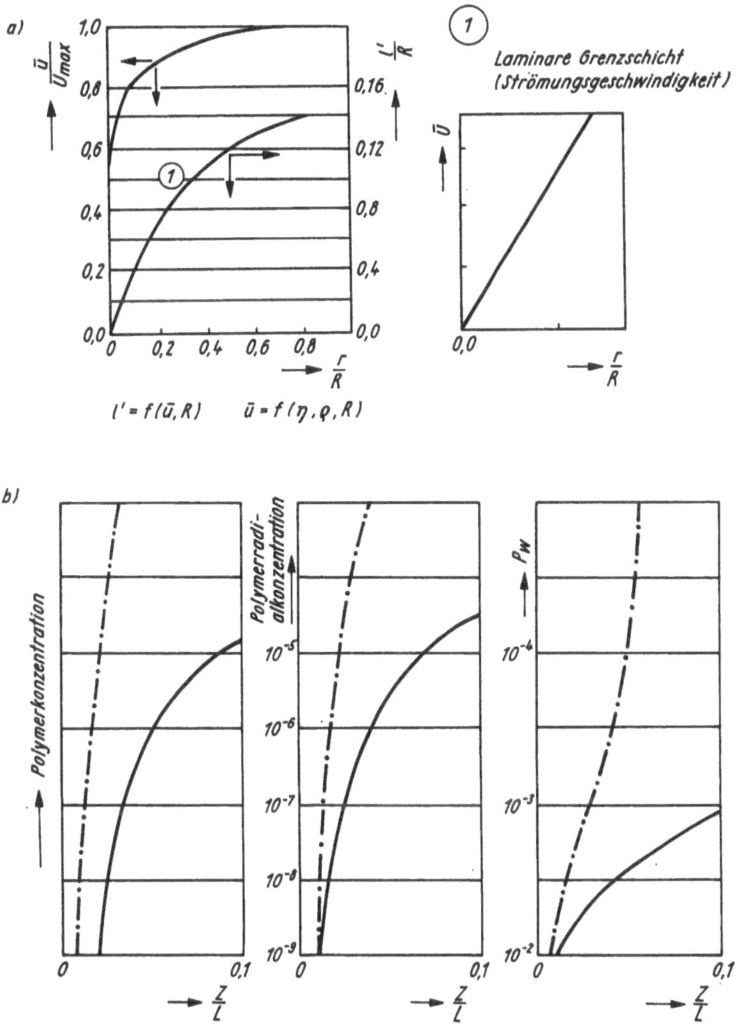

Abb. 3 Polymerkonzentration, Radikalkonzentration und mittleres Molekulargewicht in der Grenzschicht und in der Kernströmung von Rohrreaktoren bei der Polymerisation von Äthylen unter hohem Druck

a) Turbulente Rohrströmungen (Geschwindigkeit, Mischungsgewebe)

b) Konzentrationen und Gewichtsmittel des Polymerisationsgrades in der Lam. Grenzschicht (—.—.) und in der Kernströmung (———)

Modelle für die Apparateauslegungen und spezifische technische Entwicklungen abgeschlossen sein.

Während der Realisierungsphase werden die Arbeiten zur Erhöhung der technischen Stabilität der Anlage und zur Verringerung des Anfalls von Minderqualitäten, anwendungstechnische Untersuchungen, Vorbereitung des Einsatzes beim Verarbeiter, Rezepturerarbeitung und Arbeiten zur Inbetriebnahme durchgeführt. In diesem Zeitraum wurden beispielsweise die Untersuchungen zur Viskosität und zum Phasenverhalten der Gemische von Äthylen und Polyäthylen in Abhängigkeit von Druck, Temperatur und dem Molekulargewicht durchgeführt, wozu entsprechende Apparaturen entwickelt werden mußten, wie mit Abb. 2 für die Ermittlung des Phasengleichgewichtes Äthylen-Polyäthylen gezeigt wird. Diese Untersuchungen waren für die Ermittlung der in Abb. 3 dargestellten Polymerkonzentrationen, Radikalkonzentrationen und der Molekulargewichte in der Grenzschicht und in der Kernströmung im Rohrreaktor, aus der Berechnung der Dicke der laminaren Grenzschicht und dem Mischungsweg, notwendig.

4. *Der Produktionszeitraum als wichtige Phase zur Ermittlung grundlegender wissenschaftlicher Erkenntnisse (Teil einer Prozeßanalyse)*

Nach Inbetriebnahme einer Produktionsanlage sind Forschungsarbeiten
1. zum Erreichen der notwendigen Reife der Ausrüstungen;
2. zur Erhöhung der Qualität der Rezepturen;
3. zur Aufklärung des Zusammenhanges zwischen Herstellungsbedingungen, Struktur und Eigenschaften des Polymeren

notwendig.

Begründung:

- Die grundlegenden Zusammenhänge können zwar in Technika bzw. Pilotanlagen erarbeitet werden, aber auf Grund der kleinen Dimensionen der Ausrüstungen sind den Ausrüstungsentwicklungen, (veränderte Wärmeübergänge auf Grund von Polymerablagerungen) und Qualitätsentwicklungen (Reaktionsvolumen zu Oberfläche) für eine Maßstabsübertragung Grenzen gesetzt.
- Großversuchsanlagen können nicht immer den sich notwendig machenden technischen und technologischen Veränderungen angepaßt werden (Kosten).
- Beim Aufbau von Produktionsanlagen lassen sich neue Erkenntnisse realisieren. Daraus folgt die Prozeßanalyse als notwendige Fortsetzung der Forschungsarbeiten.

Beispiel:

Diese Vorgehensweise soll am Beispiel der Lösung des Problems der Herstellung stippenfreier Folien aus PE ND erläutert werden:

Aus einer Großversuchsanlage wurden stark stippenhaltige Folien erhalten. Die

Untersuchungsergebnisse haben gezeigt: Stippen sind höhermolekulare bzw. teilvernetzte PE-Anteile, die beim Folienherstellungsprozeß nicht mit aufschmelzen und so als heterogene Anteile erhalten bleiben, was zu Lochbildungen und schlechtem Aufwickelvermögen der Folien führt. Die Untersuchungen haben gezeigt, daß durch eine Schmelzehomogenisierung die Stippen nicht beseitigt werden konnten. Es wurden lediglich Verkleinerungen, aber keine homogene Verteilung erreicht. Aus diesem Grunde waren Überlegungen zum Mechanismus der Entstehung der hochmolekularen Polyäthylenteilchen im Syntheseteil der Anlage notwendig. Als wahrscheinlichste Bildungsursache wurde die Abscheidung von Polyäthylen und dessen nachfolgende Veränderung (Molekulargewichtserhöhung) an der Reaktorwand ermittelt. Durch eine Veränderung der Rezeptur konnte die Stippenzahl bereits wesentlich herabgesetzt werden. Letztendlich konnte dieses Qualitätsproblem durch eine wesentlich erhöhte Strömungsgeschwindigkeit im Reaktor der 1. Produktionsanlage und der damit verbundenen Herabsetzung der Dicke der Grenzschicht an der Reaktorwand erreicht werden.

Auf diese Weise können nun alle Arbeiten zur Qualitätserhöhung fortgesetzt werden.

Da in Zukunft ständig höhere Anforderungen der Verarbeiter durch Erhöhung der Verarbeitungsgeschwindigkeit und steigende Gebrauchswertanforderungen erwartet werden können, sind auf diesem Wege die Qualitätsanforderungen nicht erfüllbar. Das ist nur über eine vertiefte Forschung über den Zusammenhang zwischen den Reaktionsbedingungen und der molekularen sowie der übermolekularen Struktur möglich. Das erfordert eine vertiefte Zusammenarbeit mit Forschungseinrichtungen der AdW und des Hochschulwesens der DDR und der UdSSR.

Gute Ergebnisse konnten dabei bereits in der Zusammenarbeit mit dem Institut

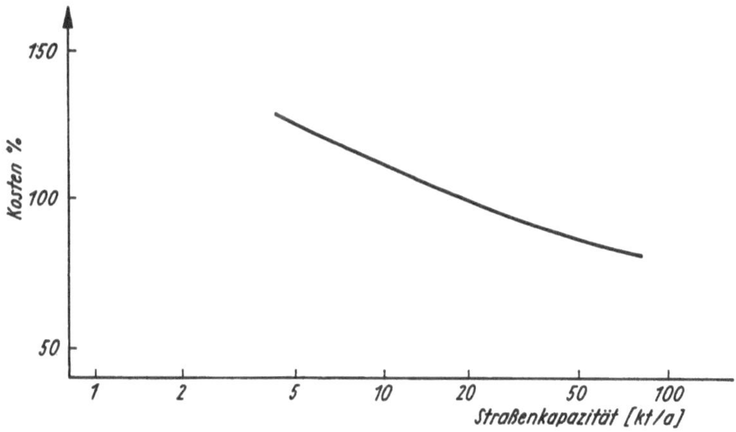

Abb. 4 Darstellung der spezifischen Investkosten in Abhängigkeit von der Kapazität der Hochdruckpolyäthylen-Anlagen

für Polymerenchemie der AdW der DDR, Teltow-Seehof der Applikationsgruppe Molekülphysik der KMU Leipzig und dem Institut für Mechanik der Polymeren der AdW der UdSSR in Riga erzielt werden.

5. *Zur Ökonomie*

Anhand der Ergebnisse bei der Weiterentwicklung des Verfahrens „Polymir" kann gezeigt werden, daß die ökonomische Forschung zur Vorbereitung und Errichtung von Anlagen hoher Effektivität noch nicht genügend entwickelt ist. Bei Polymersyntheseanlagen muß neben der in Abb. 4 dargestellten Senkung der spezifischen Investkosten, die durch Kapazitätserhöhung erreicht werden, der Einfluß der Zahl der Sorten Berücksichtigung finden. So zeigt Abb. 5, daß die Erlöse für Anlageneinheiten mit der Sortenzahl auf Grund von Umstellverlusten stark abfallen.

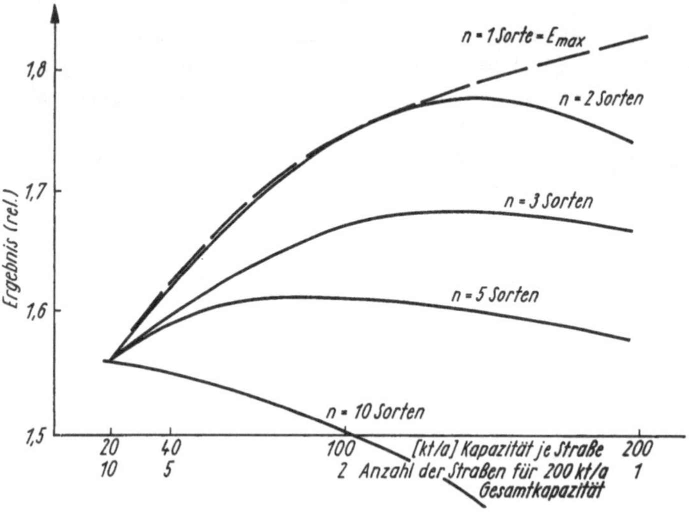

Abb. 5 Darstellung der relativen Erlöse in Abhängigkeit von der Kapazität und der Zahl der Sorten

6. *Schlußfolgerungen*

1. Die Erarbeitung von Grundlagenforschungsarbeiten muß im Verlauf der Realisierungsphase und im Zeitraum der laufenden Produktion fortgesetzt werden. Bestimmte Probleme (insbesondere bei Hochpolymersyntheseprozessen) sind überhaupt erst nach Realisierung moderner Anlagen lösbar.

2. Die erreichten Lösungen stellen nur in den seltensten Fällen das Optimum dar, und es ist eine ständige Suche nach neuen Möglichkeiten notwendig (Prozeßanalyse).
3. Vor und während der Realisierung von Forschungsergebnissen ist es notwendig zu analysieren, welche Ergebnisse wann und in welchem Umfang vorhanden sein müssen ,d. h. die Planung der Forschung eng mit dem Realisierungsablauf in Übereinstimmung zu bringen, was eine schwierige und verantwortungsvolle Aufgabe darstellt.

H. G. Riedel

Wissenschaftlich-technische Arbeiten zur Kohleveredlung

Die wissenschaftlich-technischen Arbeiten zur stoff- und energiewirtschaftlichen Nutzung der Kohle wurden in der Vergangenheit so erfolgreich und effektiv in die Praxis umgesetzt, daß es

– zeitweilig zu einer Monostruktur der Carbochemie und den darauf aufbauenden Synthesen kam;
– eine optimale Koppelung der organischen Grundstoffproduktion mit der Energiewirtschaft gab.

Diese Entwicklung trug uns den Ruf ein, Grundlagen, Technologie und Betrieb der Carbochemischen Prozesse weltweit am besten zu beherrschen. Die wesentlich effektivere Erdöl- und Erdgas-Chemie drängte uns jedoch von der Bearbeitung carbochemischer Probleme weitgehend ab, so daß sich angesichts einer aufdämmernden neuen Epoche der Kohleveredlung drei Fragenkomplexe ergeben:

1. Welche Erfahrungen und Nutzanwendungen könnte man heute noch aus der damaligen schnellen Produktionswirksamkeit wissenschaftlich-technischer Arbeiten verwerten?
2. Wie wurden und können neue wissenschaftliche Erkenntnisse in älteren carbochemischen Anlagen realisiert bzw. in Zukunft Eingang finden?
3. Welcher Wert käme dem früher erarbeiteten breiten Wissensfundus nach längerer Unterbrechung für die Nutzung bei neuen Projekten noch zu?

Zum Fragenkomplex 1. Hierüber habe ich an anderer Stelle schon berichtet, so daß nur einige der wesentlichsten Erkenntnisse nochmals erwähnt seien:

– Die Grundlagen der Verfahren gingen auf sehr solide wissenschaftliche Arbeiten in akademischen Forschungsbereichen zurück, wofür Namen wie Fischer, Terres, Drave und die Freiberger Schule als Beispiel stehen. Sie wurden jedoch erst durch intensivste wissenschaftliche Arbeit der Industrie wirksam, die die Hauptlast der technologisch-technischen Entwicklung trug. Der künftige Betreiber spielte dabei die Hauptrolle und war häufig auch der Entscheidungsträger. Empirie und Pilotanlagen spielten eine erhebliche Rolle.

— Spezielle verfahrenstechnische Entwicklungen wurden von renomierten Ingenieurbetrieben, spezifisch zusammengesetzten Projektierungsbetrieben hoher Qualifikation und Herstellerbetrieben von Ausrüstungen geleistet.
— Die Bearbeitung und Durchdringung verschiedener Verfahrensmöglichkeiten erfolgte in Varianten teils bis zur Betriebsreife.
— Der hohe Bedarf an effektiven Neben- und Hilfsprozessen sowie Ausrüstungen erforderte eine ständige Umschau auf Nebengebieten und die Nutzung dort erzielter Fortschritte. So ermöglichte die Entwicklung der Sauerstoffgewinnung nach Fränkel die Entwicklung mehrerer Synthesegasprozesse, darunter des Winklerverfahrens.
— Schnelle Fortschritte in den Grundlagen der Katalyse und der Katalysatoren fanden ohne jede Verzögerung Eingang in die Praxis.
— Maschinen- und Apparatebau, Meß- und Analysentechnik vermochten den an sie gestellten Anforderungen hinsichtlich spezifischer Ausrüstungen in kürzester Zeit gerecht zu werden.
— Die erforderliche spezielle Werkstoffentwicklung (z. B. hochdruck-, hochtemperatur- und kältebeständige Stähle, dazu noch wasserstoffest) wurde unter aktiver Einflußnahme entsprechender eigener Fachexperten der chemischen Industrie schnell gelöst.

Natürlich wurden aber auch Mängel der Verfahren wie hohe Investitionskosten, hoher Energieaufwand, unbefriedigende Stoffumsätze erkannt und an deren Abstellung gearbeitet.

Insgesamt führte der eingeschlagene Weg insbesondere durch die allseitig abgestimmte breite und schnelle Entwicklungstätigkeit zum raschen Produktionserfolg. Solche Erfahrungen sollten auch heute, insbesondere in der internationalen Zusammenarbeit genutzt werden.

Zum Fragenkomplex 2. Für die Realisierung wissenschaftlicher Ergebnisse in der Produktionssphäre der Kohleveredlung gibt es in der Nachkriegszeit und z. T. bis in die neueste Zeit hinein noch einige bemerkenswerte Ergebnisse, jedoch nichts ganz grundsätzlich Neues. Neben der Pyrolyse, die zum Braunkohlen-Hochtemperatur-Koks und seinen Nebenprodukten führte, sowie der Weiterentwicklung der Braunkohlen-Druckvergasung mit ihren Nebenprodukten kann man vor allem auch die Weiterentwicklung der Paraffinqualitäten und die Bemühungen um die Herstellung von Elektrodenkoks erwähnen.

Einige wissenschaftlich-technische Ergebnisse beziehen sich besonders auf die Verbesserung des Umweltschutzes durch verbesserte Gasreinigungsverfahren und vor allem die wissenschaftliche Durchdringung des biologischen Reinigungsprozesses von Abwässern. Akademie- und Hochschulinstitute waren hieran maßgeblich beteiligt.

Eine ganz andere Art von Aktivitäten erstreckte sich auf die Nutzung carbochemischer Prozeßeinrichtungen für die neue gemischte Kohle-Erdölchemie oder die Weiterentwicklung carbochemischer Prozesse. Als Beispiele hierfür mögen dienen: Die Eingliederung von Hochdruckhydrieranlagen in die Erdölverarbeitung, die Weiterentwicklung des Kalcium-Carbidofenprozesses, die Umgestaltung der ursprünglich für die Nutzung von Hydriergasen entwickelten Alkylierungsanlagen und nicht zuletzt die Weiterentwicklung von Katalysatoren, Verkokungshilfsmitteln u. a. Wirkstoffen.

Während diese Maßnahmen erfreulicherweise meist rasch und wirkungsvoll in die Produktion eingingen, muß aber auch darüber berichtet werden, daß es eine große Zahl teils ungelöster Probleme gibt und teils ausgearbeitete neue Lösungen nicht mehr praxiswirksam werden können. So ist das Salzkohleproblem ungelöst, die Sauerstoffdruckvergasungsanlagen arbeiten schlechter als vergleichsweise internationale Anlagen. Zur Verbesserung des Spülgasschwelprozesses gibt es eine Großzahl wissenschaftlich fundierter Verbesserungsmöglichkeiten wie auch erste Erkenntnisse über einen Wirbelschichtschwelprozeß und verbesserte Wertstoffisolierung.

Noch nicht genügend Beachtung findet bei den Intensivierungsmaßnahmen, die bekanntlich gerade bei älteren Anlagen die Hauptrolle des Fortschrittes darstellt, das Spektrum flankierender Erscheinungen. Diese drücken sich beispielsweise in überproportionalem Anstieg des Energieverbrauches, Qualität der Produkte und vor allem in ungewöhnlicher Zunahme der Umweltbelastung aus, falls nicht gleichzeitig entsprechende, jedoch meist sehr aufwendige Gegenmaßnahmen eingeleitet werden.

Als einzige größere Neu- bzw. Nachentwicklung zeichnet sich die eines neuen Vergasungsverfahrens ab. Sein Nutzen für die chemische Produktion kann um so größer sein, je eher ein Entscheid darüber gefällt wird, ob überhaupt und in welcher Qualität und Menge Synthesegase in Zukunft benötigt werden. Sollte dies positiv beantwortet werden, so wäre parallel zur Entwicklung des Vergasungsverfahrens auch die Entwicklung modern gestalteter Syntheseprozesse erforderlich.

Zum Fragenkomplex 3. Die hier angeschnittene Frage wird einmal dadurch ausgelöst, daß in neuester Zeit häufig Anfragen aus verschiedensten Teilen der Welt bei uns eingehen, um die Möglichkeit der Lieferung moderner Anlagen zu eruieren. Zum anderen ist es für die eigene Wisenschaft eine interessante und grundsätzliche Frage, inwieweit älteres Wissensgut und Erfahrungen noch eine reale Basis für die Gestaltung moderner Prozesse darstellen.

Es kann dazu folgendes eingeschätzt werden:

- Nur auf wenigen Gebieten, d. h. solchen auf denen bis in die Gegenwart Forschungs- und Entwicklungsarbeiten durchgeführt wurden und Betriebserfahrungen vorliegen, kann appliziert werden, wie z. B. der BHT-Verkokung und einigen anderen speziellen Technologien.
- Der Einsatz bisher ungenutzter archivierter neuer wissenschaftlicher Erkenntnisse könnte erst erfolgen, wenn der nicht unerhebliche zusätzliche technische Entwicklungsaufwand nachgeholt würde. Beispiele dieser Art sind die Arbei-

ten zur Fischer-Tropsch-Synthese im Mitteldruckgebiet, modifizierte Hydrierverfahren u. ä.

— Der aus der Blütezeit der Carbochemie stammende Schatz an Grundlagenwissen sowie technologisch-technischem „know how" hat noch immer einen beträchtlichen Wert. Indessen ist das dazugehörige Schriftgut laufend verloren gegangen, und der Kreis der Wissensträger wird immer weniger disponibel. Obwohl die in vielen Teilen der Welt angelaufene Arbeit für eine moderne Carbochemie sich auch heute noch weitgehendst auf das erwähnte alte Wissensgut stützt und dabei noch das zugehörige „know how" entbehrt, schreiten Neuentwicklungen allmählich doch voran und entwerten das alte Material. Da Neuanlagen gegenüber den früher konzipierten etwa die 5—10fache Leistungskapazität haben müssen, zwingt diese Maßstabsvergrößerung auch zu neuartigen technologischen Wegen. Teilweise kommen dabei Erfahrungen aus der Erdölindustrie zum Tragen. Besonders forciert läuft demzufolge die verfahrenstechnische Entwicklung.

— Neuentwicklungen könnten daher nur im Rahmen größerer Gemeinschaftsarbeit, in die unser Wissen eingebracht wird, erfolgen. Die besonderen Eigenarten einer Braunkohlencarbochemie müßten dabei wohl von uns als dem größten Produzenten von Braunkohle selbst getragen werden.

— Während sich im Moment die Kohleveredlung noch auf die gleichen Grundideen wie zuzeiten von Bergius, Pier, Terres und Drave stützt, wird jedoch gleichzeitig auch in der Grundlagenforschung nach anderen Wirkprinzipien Ausschau gehalten, die den destruktiven Abbau der Kohlesubstanz vorteilhafter tätigen könnten. An derartigen Arbeiten zur Weiterentwicklung der Carbochemie oder ihren Vorstufen haben wir uns bisher nicht beteiligt. Genannt seien die Einwirkung von Laserstrahlen, Mikrowellen und nicht zuletzt der Kernspaltungsenergie, sei es auf thermischem Wege, sei es über Strahlenwirkung.

Zusammengefaßt darf man sagen, daß die Carbochemie und ihre vorgeschalteten Stufen in der Vergangenheit hervorragende Beispiele der Nutzbarmachung wissenschaftlicher technischer Erkenntnisse in der Produktion hervorgebracht haben. Die komplexe Behandlung und Lösung der Aufgaben darf auch heute noch als richtungweisend angesehen werden. In der jüngeren Vergangenheit gab es keine einheitliche Gesamtentwicklung dieses Wissensgebietes mehr, so daß nur einzelne — für sich bedeutungsvolle — Fortschritte, die schnell in die Praxis eingeführt wurden, registriert werden können. Daneben gibt es in größerer Zahl ungelöste Probleme. Für modernste effektive Neuanlagen ist der alte Wissensspeicher zwar eine gute Basis, reicht jedoch mangels einer kontinuierlichen Fortführung insbesondere auch im technologisch-technischen Gebiet bei weitem nicht mehr aus, heutige Ansprüche zu befriedigen. Nur in einer breit angelegten internationalen Gemeinschaftsarbeit könnte sich ein Anschluß an die modernen Entwicklungen wieder erzielen lassen.

W. Schirmer

Die Zusammenarbeit zwischen Grundlagenforschung und Produktion bei der Entwicklung des Parexverfahrens

Normal-Paraffine des Kettenlängenbereiches C_8 — C_{18} sind für die chemische Industrie wichtige Ausgangsstoffe für die Synthese von Waschmittelrohstoffen, Tensiden und Weichmachern. Die Umwandlung der n-Paraffine erfolgt über die Sulfochlorierung oder die Sulfoxidation oder auch über die Dehydrierung zu entsprechenden Olefinen, die über die Oxosynthese weiterverarbeitet werden.

Neuerdings spielen n-Paraffine eine bedeutende Rolle als Ausgangsstoffe für die mikrobielle Eiweißsynthese.

Spätestens Ende der fünfziger Jahre war auch unter den ökonomischen Bedingungen der DDR klar, daß die für die Gewinnung der erforderlichen Mengen an n-Paraffinen eingesetzten Fischer-Tropsch-Anlagen im Vergleich zum Weltmarkt unwirtschaftlich arbeiten. Da das angewandte Verfahren nicht dem neuesten Stand der Entwicklung entsprach und der technische Zustand der Anlagen eine kostenaufwendige Rekonstruktion notwendig machte, die die Produktionskosten weiterhin erhöht hätte, wurde beschlossen, den Bedarf der chemischen Industrie der DDR an Normal-Paraffinen durch andere leistungsfähige Verfahren, die die Gewinnung der zu 15—20% in der Kerosinfraktion des Erdöls enthaltenen n-Paraffine ermöglichen, vorzusehen. Die Wahl fiel auf ein mit Molsieben arbeitendes selektives Adsorptionsverfahren, für dessen Entwicklung bereits damals in der DDR günstige wissenschaftlich-technische Voraussetzungen bestanden. Der Verfahrensträger, der VEB Leuna-Werke „Walter Ulbricht", hatte langjährige Erfahrungen im technischen Einsatz von adsorptiven Reinigungsprozessen, der Hersteller der Molsiebe, der damalige VEB Farbenfabrik Wolfen, konnte seine Kenntnisse in der Produktion von Ionenaustauschern nutzen, und die erforderliche Grundlagenforschung, die vor allem in der exakten Ermittlung thermodynamischer und kinetischer Größen der Selektivadsorption an Molsieben bestehen mußte, ließ sich in eine neu gegründete Abteilung am Institut für physikalische Chemie der damaligen DAW leicht einordnen, da sich dieses Institut die Untersuchung von Grenzflächenvorgängen ohnehin als zentrales Problem vorgenommen hatte. Als es dann noch gelang, in den Jahren 1965—66 die IZ Böhlen als Projektanten, den VEB SKL Magdeburg als voraussichtlichen Apparateproduzenten und den VEB PCK Schwedt als künftigen Produktionsbetrieb für das neu zu entwickelnde Verfahren zu gewinnen, waren alle Voraussetzungen gegeben, um die erforderliche Zusammenarbeit in Form einer überbetrieblichen Arbeitsgemeinschaft in die Wege zu leiten. Diese Zusammenarbeit war über Jahre hinweg wirksam. Wir hatten keineswegs außerordentliche Vollmachten, sondern setzten die notwendig werdenden Maßnahmen mit entsprechender Begründung über die zuständigen staatlichen Leitungen durch. Das war nicht immer leicht und erforderte gelegentlich zusätzliches persönliches Engagement, aber wir vermieden auf diese Weise die Komplikationen, die sich ergeben, wenn Sonderbeauftragte unter Umgehung der staatlichen Leitungslinien ihre Aufgaben durchzusetzen versuchen. Unsere Arbeitsweise hatte folgende Vorteile:

1. Alle kooperierenden Einrichtungen waren mit der Verantwortung für bestimmte Gebiete in der Arbeitsgemeinschaft vertreten.
2. Alle Entscheidungen wurden unter Berücksichtigung der komplexen Zusammenhänge getroffen.
3. Die zuständigen staatlichen Leiter wurden umgehend informiert und um Entscheidungen bei der Durchsetzung der erforderlichen Maßnahmen gebeten. Die Autorität des Kollektivs der AG sicherte die Durchführung der Beschlüsse, wenn auch gelegentlich mit gewissen Verzögerungen.
4. Die enge Zusammenarbeit zwischen Forschern, Projektanten und Investitionsbeauftragten sicherte eine rechtzeitige Einordnung des Vorhabens in die Investitionspläne der staatlichen Einrichtungen. Damit waren wichtige Voraussetzungen für einen reibungslosen Überführungsprozeß gegeben.

Für uns am Institut für physikalische Chemie waren bei der Ausarbeitung der Forschungskonzeption folgende Grundsätze wichtig:

1. Die Forderung, Wissenschaft zur Produktivkraft zu machen, darf kein Lippenbekenntnis bleiben, auch nicht für Grundlagenforscher — es müssen geeignete Formen und Maßnahmen der Überführung wissenschaftlicher Erkenntnisse in die Praxis gefunden werden.
2. Die angestrebten Forschungsergebnisse sollten in jedem Falle Grundlagen der Selektivadsorption betreffen, die zu neuen Erkenntnissen grundsätzlicher Art führen, verallgemeinerungsfähig sind und eine theoretische Auswertung zulassen.
3. Sie sollten gleichzeitig möglichst konkrete Beiträge zu den gestellten technischen Aufgaben sein, die es dem Verfahrensingenieur und dem Projektanten ermöglichen, technische Berechnungen und Anlagenkonzeptionen durchzuführen.
4. Die Planung unserer Grundlagenforschung mußte dynamisch genug sein, um Anregungen aus der Praxis unmittelbar aufgreifen und weiterverarbeiten zu können.
5. Bereits bei Laboruntersuchungen mußten wir Fragen der Maßstabsübertragung und damit auch der wissenschaftlich fundierten Modellierung der wichtigsten Teilvorgänge berücksichtigen.

Diese Grundsätze beherrschten unsere Forschungskonzeptionen seit 1965. Sie brachten nicht nur technisch gut verwertbare wissenschaftliche Ergebnisse, sondern auch wissenschaftlichen Vorlauf auf beachtlichem Niveau und einige überraschende, auch international beachtete Resultate. Ohne eine solche Arbeitsweise wäre es nicht möglich gewesen, produktiv an der Verfahrensgestaltung mitzuarbeiten, die Verbindung zwischen physikalischer Chemie und chemischer Technologie herauszustellen und die bei unseren Industriepartnern noch vorhandene Reserviertheit gegenüber einer überholten Vorstellungen entsprechenden „akademischen“ Arbeitsweise zu überwinden. Unter anderem beachteten wir folgende konkrete Maßnahmen:

1. Als Molsiebe verwendeten wir überwiegend die Typen, die auch für den technischen Prozeß in Frage kommen; nämlich solche vom Typ 5A, vorwiegend mit Mg und Ca ausgetauscht. Daß wir dabei einen Strukturtyp wählten, der wegen der Lokalisierung sämtlicher Kationen auf festen Plätzen für die Modellrechnung besonders gut geeignet ist, erkannten wir in vollem Umfang erst später. In der Technik werden Molsiebe nach Bindemittelzusatz zu Granalien verformt eingesetzt. Obwohl wir auch solche Systeme untersuchen, erwies es sich doch als erforderlich, im Interesse guter Reproduzierbarkeit der Erzeugnisse die Messungen an bindemittelfreien Molsieben von bestimmter, möglichst einheitlicher Korngröße durchzuführen. Hier wichen wir also bewußt von den Anforderungen der technischen Praxis ab, stellten aber durch Korrelationsbeziehungen zwischen verformten und nicht verformten Molsieben die Anwendbarkeit unserer Ergebnisse sicher.

2. Als Adsorbate wählten wir vor allem Kohlenwasserstoffe mit normaler Kettenstruktur im C-Zahlenbereich von 4—18. Damit wandten wir uns sehr komplizierten Systemen zu, die wegen der großen Zahl von Atomen, der vielen möglichen Strukturisomeren und der unterschiedlichen Reaktionsfähigkeit zunächst für die exakte theoretische Behandlung und thermodynamische Berechnung ungeeignet erschienen. Diese Schwierigkeiten stellten sich uns auch tatsächlich in den Weg, aber nach ihrer Überwindung hatten wir die Genugtuung, gerade an diesen Stoffsystemen einige bis dahin noch nicht erkannte wissenschaftliche Effekte nachweisen zu können. Dazu gehören: der experimentelle Nachweis der Krümmung von Adsorptionsisosteren und die verallgemeinernde Deutung dieses Phänomens als eines temperaturabhängigen Strukturgleichgewichtes zwischen Adsorbat und Adsorbens, die Entwicklung statistisch-thermodynamischer Ansätze zur theoretischen Berechnung von Adsorptionsgleichgewichten und die Erkenntnisse über die Reaktionsfähigkeit der n-Paraffine gegenüber dem Zeolithgitter.

3. Als Untersuchungsmethoden wurden zunächst die herkömmlichen Methoden zur Messung des Adsorptionsgleichgewichtes mit Hilfe von Federwagen eingesetzt. Bald konnten wir hier wesentliche Verbesserungen in bezug auf die Empfindlichkeit, die Produktivität der Messungen und die Aussagekraft erreichen. Die Messung von Durchbruchskurven, die dem technischen Vorgang nachgebildet sind, und die Auswertung dieser Messungen mit Hilfe der Momentenmethode stellten

wesentliche Fortschritte dar, die es uns gestatten, die Daten für die Modellierung der Ad- und Desorptionsprozesse zu gewinnen. Gleichzeitig entwickelten wir damit Methoden von allgemeiner Aussage, die auch für die Untersuchung anderer Adsorptionssysteme erfolgreich eingesetzt werden können.

4. Um ein allgemein gültiges Modell aufzustellen, wurden weitere exakte thermodynamische Daten, kinetische Parameter und Erkenntnisse über die Alterungsbeständigkeit und die mechanische Festigkeit der Molsiebe erforderlich. Die Nutzung kalorimetrischer Methoden, der Einsatz der Spin-Echo-Methoden der magnetischen Kernresonanz, die von Akademiemitglied H. Pfeifer und Mitarbeitern in Leipzig entwickelt und eingesetzt wurden, die Nutzung oberflächenanalytischer Methoden wie der ESCA und der IRS trugen wesentlich zur besseren Kenntnis der Elementarvorgänge bei.

Die so gewonnenen Daten dienten der Aufstellung des Modells für die technischen Vorgänge.

Abbildung 1 stellt in schematischer Form die Einflußfaktoren dar, die zunächst im Verfahrensmodell berücksichtigt wurden. Die linke Seite des Adsorbers zeigt

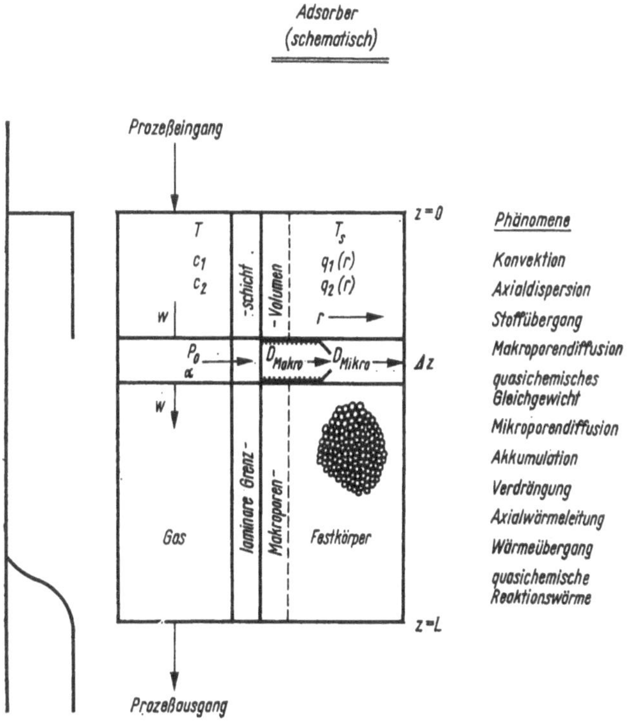

Abb. 1 Schematische Darstellung des Adsorptionsvorganges und der dabei zu berücksichtigenden Elementarerscheinungen

die strömende Gasphase, während die rechte Seite die feinkörnige Festkörperschüttung wiedergibt. Für die unter der Überschrift „Phänomene" aufgeführten Eigenschaften wurden Gleichungen abgeleitet, die in geeigneter Form in das Modell eingingen. Die Lösung erfolgte in üblicher Weise auf numerischem Wege.

Die Modellierung des Ad- und Desorptionsvorganges umfaßte also zunächst die Berücksichtigung von 10—12 verschiedenen Stoffparametern. Mit Hilfe dieses Modells war es möglich, wesentliche Teilvorgänge des Parex-Verfahrens zu berechnen und Voraussagen über das Verhalten bestimmter Rohstoffe unter den gewählten Arbeitsbedingungen zu treffen. Es konnten Angaben über die Zweckmäßigkeit bestimmter technologischer Schemata gemacht werden. Fehler im technologischen Ablauf wurden dabei festgestellt und Möglichkeiten zur Verbesserung des Wirkungsgrades einzelner Verfahrensstufen gefunden.

Der Rechenaufwand war hierbei jedoch beträchtlich. Die Senkung der Rechenzeiten konnte offensichtlich nur erreicht werden, wenn es gelang, ein aussagefähiges Modell der gesamten Sorptionsstufe des Verfahrens aufzustellen, das mit weniger Einflußgrößen auskommt.

Untersuchungen über den Einfluß der einzelnen Parameter auf den Gesamtablauf führten schließlich zu einem aussagefähigen Modell, das noch fünf Variable verwendete und dessen Fehlerbreite noch im Rahmen der technischen Genauigkeit lag. Wir machten also mit verhältnismäßig einfachen Mitteln eine „Datenreduktion", so, wie zum Beispiel heute für verschiedene spektroskopische Analyseverfahren allgemein gebräuchlich ist. Mit Hilfe dieses vereinfachten Modells konnten zahlreiche Varianten des Parex-Verfahrens berechnet werden.

Abbildung 2 kennzeichnet an Hand von Durchbruchskurven die Übereinstimmung zwischen den berechneten Werten (Kurvenzüge) und den experimentellen Daten. Die beiden Untersuchungen unterscheiden sich dadurch, daß das eine Molsieb zum ersten Mal verwendet wurde, während das andere aus dem laufenden Prozeß stammte. Die Übereinstimmung zwischen experimentellen und berechneten Daten kann für technische Zwecke als völlig ausreichend angesehen werden.

Der volkswirtschaftliche Nutzen, der sich hierbei für das seit 1971 laufende Verfahren und für die Vorbereitung des inzwischen eingeleiteten Anlagenexportes ergab, ist beachtlich. Mit Hilfe der inzwischen erworbenen Kenntnisse über die Grundlagen beteiligten wir uns auch an der Prozeßanalyse des Parex-Verfahrens in Schwedt.

Hier galt es vor allem, die Laufzeit des eingesetzten Molsiebs zu erhöhen, die Ursachen für die auftretenden Alterungserscheinungen zu analysieren, technologische Varianten für die Adsorptions- und Desorptionsphase auszuarbeiten und die Optimierung weiterer wichtiger technologischer Parameter wissenschaftlich zu untersuchen.

Es zeigte sich, daß die mit Hilfe der Grundlagenforschung gewonnenen Daten und Korrelationsbeziehungen in den meisten Fällen ausreichten, um wichtige Beiträge zu den gestellten Aufgaben zu leisten. Die Tatsache, daß die Parex-Anlage 1977 die Planaufgaben überbieten konnte und daß ihre Kapazität für 1978 zum

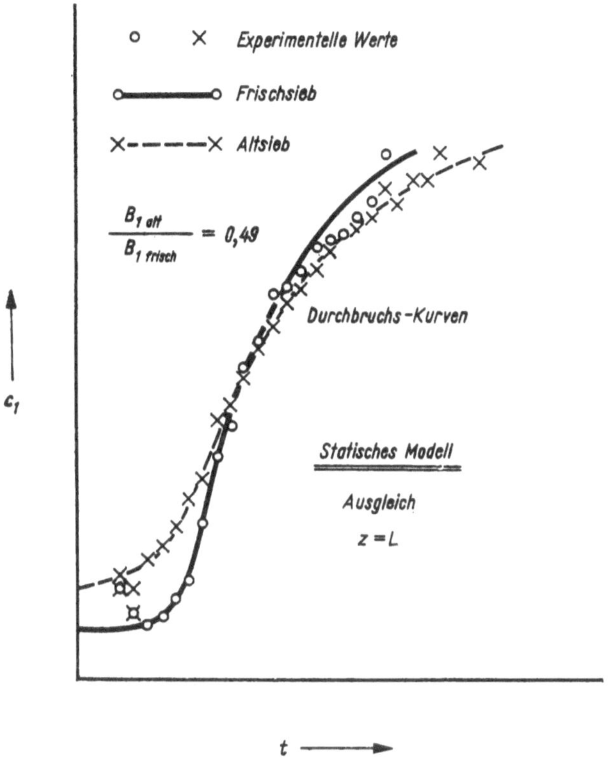

Abb. 2 Experimentelle und theoretisch berechnete Werte für die Bestimmung von Durchbruchskurven an frischen und gebrauchten Molekularsieben

ersten Mal höher als 80 000 t/Jahr eingeschätzt wird, ist mit auf diese Untersuchungen zurückzuführen. —

Keineswegs möchte ich den Eindruck erwecken, als wäre die Zusammenarbeit mit den genannten Betrieben der chemischen Industrie stets reibungslos verlaufen. Das hatte unter anderem folgende Gründe:

1. Wir unterschätzten besonders anfangs die Bedeutung relativ geringfügig erscheinender Parameter für den technischen Prozeß. Ein ungelöstes Korrosionsproblem wog manchmal schwerer als eine wissenschaftlich gut begründete Modellrechnung.
2. Trotz guter wissenschaftlicher Zusammenarbeit mit uns konnten die Verantwortlichen des Betriebes die technische Anlage niemals mit so viel Meßgeräten ausrüsten, wie zur völligen Erfassung aller Zusammenhänge wünschenswert war. Deshalb kam den Schätz- und Extrapolationsmethoden zur Beurteilung einer möglichst effektiven Fahrweise stets eine große Bedeutung zu.

3. Die Kollegen des Betriebes waren stets daran interessiert, möglichst exakte Daten zu ganz konkreten Betriebszuständen zu erhalten. Solche Untersuchungen konnten meist nicht verallgemeinert werden, ihre wissenschaftliche Aussagekraft war gering. Wir standen daher nicht selten vor der Aufgabe, zwischen der Erfüllung einer nach allgemeinen wissenschaftlichen Gesichtspunkten aufgestellten Konzeption und den „Anforderungen des Tages“ entscheiden zu müssen.

   Die dabei eingegangenen Kompromisse wahrten für uns den Kontakt mit den Betriebsleuten, ohne daß wir unser wissenschaftliches Ziel völlig aufgeben mußten.

Unsere Arbeiten führten wir in enger Kooperation mit der Abteilung Adsorption am Institut für physikalische Chemie der Akademie der Wissenschaften der UdSSR durch. Die Zusammenarbeit mit Akademiemitglied M. M. Dubinin und seinen Mitarbeitern hatte besonders auf theoretischem Gebiet und für die Entwicklung leistungsfähiger Arbeitsmethoden große Bedeutung für unsere eigene Tätigkeit. Wir verdanken den sowjetischen Kollegen viele Anregungen. Ebenso bestätigten sie uns, daß unsere Ergebnisse auch für ihre Arbeit Bedeutung haben. Ähnlich fruchtbar verläuft auch die Kooperation mit Wissenschaftlern in anderen sozialistischen Ländern.

Der Begründer der modernen Zeolithforschung Prof. R. M. Barrer, FRS London, regte an, daß wir unsere Kenntnisse über die Kohlenwasserstoffadsorption in einer Monografie zusammenfassen sollten, da sie nach seiner Meinung das Umfassendste seien, das gegenwärtig auf diesem Gebiet existiert. Auch die von uns entwickelten theoretischen Ansätze und Vorstellungen fanden internationale Beachtung.

Ich erwähne dies vor allem deshalb, weil ich damit zum Ausdruck bringen möchte, daß es sehr wohl möglich ist, bei der Grundlagenforschung bereits bis zu einem gewissen Grade Anforderungen der künftigen Nutzung in der Technik zu berücksichtigen, ohne daß dies das wissenschaftliche Niveau der Arbeiten zwangsläufig herabsetzt; ja in einigen Fällen stimuliert der Einfluß der Praxis neue grundsätzliche Erkenntnisse. Selbstverständlich schließt ein solches Vorgehen ein zusätzliches Risiko ein, aber ohne dieses dürfte es wohl in der Forschung ohnehin nicht abgehen.

Keineswegs möchte ich den Schluß ziehen, daß das von uns bei der Bearbeitung der Molsiebadsorption eingeschlagene Verfahren in jedem Falle anwendbar ist. Es wird Fälle geben, in denen Arbeiten ohne die Berücksichtigung von Anforderungen aus der Praxis durchzuführen sind, um den wissenschaftlichen Vorlauf auf bestimmten aktuellen Gebieten schnell auszubauen.

Aber auch in diesem Falle sind wir es der Gesellschaft schuldig zu prüfen, wie wir Forschung und Überführung möglichst effektiv zu einem frühen Zeitpunkt der Entwicklung verbinden können. Unter diesem Leitgedanken steht unser heutiges internationales Gespräch, und diesem Ziel wird auch in Zukunft unsere wissenschaftliche Arbeit dienen.

An den genannten Untersuchungen waren in den Jahren 1965—1976 Arbeitsgruppen des Zentralinstituts für physikalische Chemie unter Leitung der Kollegen Prof. D. Gelbin, Dr. sc. nat. H. Stach, Dr. M. Bülow, Dr. K. Fiedler, Dr. K. Roethe, Dr. sc. nat. A. Grossman, Dr. G. Friedrich, DI. K.-H. Sichhart mit ihren Mitarbeitern beteiligt.

V. I. Spizin

Über die Formen der Wechselbeziehung zwischen Wissenschaft und Produktion (am Beispiel der Tätigkeit des Instituts für physikalische Chemie der Akademie der Wissenschaften der UdSSR)

Eine ständige und tiefe Verbindung der Wissenschaft und Produktion auf allen Stufen ihrer Entwicklung ist ein charakteristischer Zug des sozialistischen Staates. Die sechzigjährige Erfahrung der sowjetischen Wissenschaft und Industrie bestätigt völlig diese Gesetzmäßigkeit.

Alle Parteitage der KPdSU schenkten stets bei der Betrachtung der Direktivaufgaben für die Fünfjahrpläne der Entwicklung der Volkswirtschaft in der UdSSR eine große Aufmerksamkeit der Ausnutzung von Leistungen des wissenschaftlich-technischen Fortschritts in der Industrie und der weiteren Festigung der Verbindungen zwischen Wissenschaft und Produktion. Im Referat von L. I. Breshnew auf dem XXV. Parteitag der KPdSU wurde die große Bedeutung des Grundwissens hervorgehoben, weil, letzten Endes, gerade dieses den Fortschritt der ganzen Wissenschaft und Technik bestimmt.

Gleichzeitig ist auch eine andere Aufgabe nicht weniger bedeutend — die möglichst schnelle Einführung neuer wissenschaftlicher Ideen in die Sphäre der materiellen Produktion, die höchstmögliche Beschleunigung der industriellen Nutzbarmachung von wissenschaftlichen Ergebnissen. „Der praktische Einsatz neuer wissenschaftlicher Ideen — das ist eine nicht weniger wichtige Aufgabe als ihre Erarbeitung“ — diese Worte des Genossen L. I. Breshnew fordern von allen Gelehrten unseres Landes eine solche Organisierung des Zusammenwirkens der Institute der Akademie der Wissenschaften der UdSSR, der Zweiginstitute und der Industriebetriebe, damit die Voraussetzungen entstehen, die ein möglichst schnelles Durchlaufen neuer Ideen durch die ganze Kette fördern — von der Formulierung der Idee bis zur Massenproduktion neuer Stoffe, wenn die Verwirklichung der Idee eine Bedeutung für die Produktion hat.

In meiner Mitteilung versuche ich am Beispiel des Instituts für physikalische Chemie der AdW der UdSSR in Moskau zu erläutern, wie sich diese vielseitige Arbeit entfaltet.

Das Grundfach wissenschaftlicher Forschungen des Instituts ist die Physikochemie der Oberflächenerscheinungen: Adsorption, Oberflächenkräfte, Chromatographie, Eigenschaften der Dünnschichten von Flüssigkeiten und Festkörpern, Extraktionsprozesse, Korrosion der Metalle und Methoden des Korrosionsschutzes, physikochemische Mechanik und einige andere. Außerdem werden im Institut Untersuchungen auf dem Gebiet der Radiochemie und Strahlungschemie durchgeführt. Die Hauptaufgabe des Instituts besteht in der Feststellung des richtigen Verhältnisses zwischen grundlegenden und angewandten Forschungen. Genaugenommen sind wir in den Arbeiten grundlegenden Charakters bestrebt, die möglichen Wege der praktischen Anwendung erwarteter theoretischer Ergebnisse vorauszusehen, und in angewandten Arbeiten erforschen wir die Probleme grundlegenden Charakters. Für die Lösung dieser Aufgaben unterstützen die Leiter des Instituts, die Laborleiter und die Leiter der wissenschaftlichen Gruppen persönliche Kontakte mit den anderen Instituten der Akademie der Wissenschaften der UdSSR, mit den Zweiginstituten und mit den Industriebetrieben. Bei dieser Arbeit spielt die Parteiorganisation des Institutes eine sehr wichtige Rolle.

Die verantwortlichen Vertreter der Ministerien und anderer staatlicher Einrichtungen, die Direktoren der Betriebe und großer Forschungsinstitute halten in unserem Institut Vorträge über ihre Aufgaben und wissenschaftlichen Bedürfnisse. Ihrerseits berichten die Mitarbeiter des Instituts für physikalische Chemie über die Ergebnisse ihrer Arbeiten in Ministerien und Betrieben, halten Vorlesungen an Hochschulen und in Forschungsinstituten.

Wie aus dem Gesagten folgt, sind die unmittelbaren Kontakte mit der Industrie für das Institut von großem Interesse, weil gerade aus der Produktion, von den Vorfeldstellungen der modernen Technik wissenschaftliche Fragen kommen, die oft nicht nur zu den angewandten, sondern auch zu grundlegenden Forschungen führen.

Die Verbindung des Instituts mit den Industriebetrieben wird mit Hilfe verschiedener Formen verwirklicht:

- Gemeinsame Beteiligung mit anderen Organisationen an der Lösung großer Komplexprobleme der modernen Wissenschaft und Technik;
- Erfüllung der wissenschaftlich-technischen Ausarbeitungen auf ökonomischer Grundlage;
- Erfüllung der Untersuchungen auf Grund der schöpferischen Zusammenarbeit und der geldlosen Verträge über die sozialistische Gemeinschaftsarbeit.

Die Beteiligung des Instituts gemeinsam mit anderen Institutionen an der Lösung großer Komplexprobleme der modernen Wissenschaft und Technik

Unter den verschiedenen Formen der Verbindung der Wissenschaft und der Produktion, die eine weitere Entwicklung und Förderung verdienen, steht vornan die Praxis der Bildung spezialisierter Brigaden für die Lösung schwieriger Komplexaufgaben aus Vertretern der Institute der Akademie der Wissenschaften der UdSSR, von Fachinstituten und von Industriebetrieben. Eine solche Form der Verbindung der Wissenschaft mit der Produktion gibt die Möglichkeit, Kräfte vieler wissenschaftlicher Kollektive und Produktionsorganisationen auf die Lösung hochwichtiger Probleme des technischen Fortschritts zu konzentrieren. Als bezeichnende Beispiele kann man folgende Arbeiten erwähnen: Im Institut wurden physikochemische Grundlagen der unterirdischen Deponie der Abwässer und der flüssigen Abfälle chemischer und radiochemischer Produktionen ausgearbeitet. Die Arbeit wurde mit der Absicht erfüllt, eine wichtige volkswirtschaftliche Aufgabe — Reinigung und gefahrlose Entfernung giftiger Abfälle — zu lösen. Das Institut beschäftigt sich mit der Ausarbeitung wissenschaftlich begründeter Methoden der Vorbereitung flüssiger Abfälle und Auswürfe verschiedener Produktionszweige zur Ablagerung in tiefe Sohlen der Erdrinde mittels Tiefbunkerbildung. Andere Institutionen beschäftigen sich mit geologischen Untersuchungen, mit Berechnungen des Untergrundbunkers, der errichtet wird, mit der Projektierung der Übererdeanlagen und, endlich, mit der Errichtung der Pumpstationen selbst. Auf solche Weise wurden Bunker für nieder- und mittelradioaktive Flüssigkeiten errichtet und auch für Abfälle verschiedener Zusammensetzung. Auf dieser Grundlage wurde ein technologisches Schema der unterirdischen Ablagerung der Abwässer eines großen chemischen Betriebes ausgearbeitet und eingeführt. Der Einsatz der unterirdischen Abwässerdeponie erlaubte in diesem Falle nur in einem Betrieb nicht weniger als 1,5 Millionen Rubel pro Jahr einzusparen.

Das Institut nahm erfolgreich teil an der Arbeit der Komplexbrigade bei der Erfüllung der Aufgabe „Ausarbeitung, Synthese und Produktionstechnologie neuer Korrosionsinhibitoren verschiedener Verwendung“. Die Zusammenstellung der Brigade wurde von dem Präsidium der AdW der UdSSR und dem Ministerium für chemische Industrie bestätigt. Im Ergebnis sind universale flüchtige Korrosionsinhibitoren verschiedener Zusammensetzung geschaffen worden, die zur Zeit schon eingesetzt sind und noch in vielen Industriebetrieben eingesetzt werden. Der ökonomische Effekt vom Einsatz dieser Inhibitoren beim Schutz verschiedener Erzeugnisse betrug im Jahre 1976 2,5 Millionen Rubel.

Erfüllung wissenschaftlich-technischer Ausarbeitungen auf wirtschaftlich-vertraglicher Grundlage

Das Institut für physikalische Chemie mißt der Erfüllung wissenschaftlicher Forschungsarbeiten auf wirtschaftlich-vertraglicher Grundlage mit Industriebetrieben und Zweiginstituten eine große Bedeutung bei. Ein Teil dieser Arbeiten wird über den Grundplan des Instituts erfüllt. Auf dieser Basis ist das Institut mit mehr als 80 Betrieben aus 30 Ministerien verbunden. Der Vorzug wird dabei großen Arbeiten gegeben, über die Verträge auf die Dauer von 3—5 Jahren abgeschlossen werden. Der Umfang der durchgeführten Arbeiten beträgt einige Hunderttausende Rubel. Als Beispiel für Ergebnisse, die im Laufe der Erfüllung von wirtschaftlich-vertraglichen Arbeiten erreicht wurden, kann man folgendes anführen:

Es wurde die Methode der Metallisierung von Diamanten ausgearbeitet, die bei der Herstellung des Diamantenschleifwerkzeuges für industrielle Anwendung ausgenutzt wird. Die Industrieversuche des Werkzeuges zeigten, daß seine Haltbarkeit um 30—40% im Vergleich zum aus unmetallisiertem Diamantrohstoff hergestellten Werkzeug stieg.

Den großen Umfang der Prozesse der Metallverarbeitung in verschiedenen Industriezweigen betrachtend, muß man einen bedeutenden ökonomischen Effekt von der Anwendung metallisierter Diamanten erwarten, einerseits durch Verringerung der Ausgaben für Diamanten und andererseits durch Verringerung der Arbeitsintensität der Vorgänge. So beträgt z. B. der ökonomische Effekt von der Anwendung der Korrektionsstifte und anderer Schneidwerkzeuge, die mit metallisierten Diamanten ausgerüstet sind, allein im Moskauer Lichatschow-Autowerk etwa 3 Millionen Rubel.

Aufgrund fundamentaler Forschungen des Instituts, die dem Elernen des Wesens vom Wirkungsmechanismus der Oberflächenkräfte, ihrer Rolle in den Prozessen, die an den Phasengrenzen in heterogenen Systemen verlaufen. und dem Einfluß der Oberflächeneigenschaften auf Bildung einer neuen Phase, wurde im Jahre 1971 die Methode der physikochemischen Synthese des Diamanten aus kohlenstoffhaltigen Gäsen ausgearbeitet. Dieser Methode ist das Wachsen des Diamanten aus gasförmigen Methan zugrunde gelegt. Die Reinigung von nichtdiamantenem Kohlenstoff wird mit Hilfe von Luftsauerstoff durchgeführt. Im Institut für Hochhartstoffe der AdW der Ukrainischen SSR, zu dem das Institut für physikalische Chemie wirtschaftlich-vertragliche Beziehungen unterhält, ist eine vergrößerte Anlage für wissenschaftliche Forschungen auf dem Gebiet der epitaxialen Synthese des Diamanten aus der Gasphase, für das Auftragen der Diamantgraphitüberzüge auf Diamanten sowie für die Bildung diamanten-graphitischer und graphitischer Überzüge eingesetzt.

Erfüllung der Untersuchungen auf Grund schöpferischer Zusammenarbeit und geldloser Verträge über die sozialistische Gemeinschaftsarbeit

Die vieljährige schöpferische Zusammenarbeit des Instituts mit den Einrichtungen verschiedener Ministerien und weiterer staatlicher Institutionen ist sehr fruchtbar. Im Ergebnis solcher Zusammenarbeit wurden neue Methoden der Produktion verschiedener Stoffe geschaffen, Konstruktionen neuer Geräte und Anlagen ausgearbeitet, technologische Prozesse vervollkommnet. Das Ziel der Zusammenarbeit des Instituts mit anderen Betrieben besteht darin, mit Hilfe von wissenschaftlichen Untersuchungen höchstmögliche Hilfe der Volkswirtschaft zu leisten.

Durch Verträge über die sozialistische Gemeinschaftsarbeit ist das Institut mit 110 Betrieben aus 22 Ministerien verbunden. In allen Verträgen sind ausnahmslos unerläßliche Bedürfnisse verschiedener Industriezweige zum Ausdruck gebracht, die schnellste Lösungen erfordern.

Im Laufe der Erfüllung seiner Verpflichtungen nach dem Vertrag über schöpferische Gemeinschaftsarbeit wurden von dem Institut z. B. folgende Arbeiten durchgeführt:

Es wurde die Methode des Erhaltens der atmosphäre- und chemiebeständigen Emaillen und Grundanstriche ausgearbeitet mit Hilfe von Vinylchloridharzen breiter Bestimmung zum Anstrich der Wagen, Brücken, Metallkonstruktionen, chemischer Geräte usw. Die angewandte Methode physiko-chemischen Dispergierens mittels spezieller Zusätze bedarf keines dauernden Abreibens und gibt einen Überzug hoher Qualität. Der Überzug ist sehr langlebig und hat eine höhere Beständigkeit gegenüber chemischen Einflüssen im Vergleich zu traditionellen Stoffen, die zu diesem Ziel gebraucht werden.

Es wurde die hocheffektive Methode der Vibrationsvermischung von Mehrkomponentennahrungsmassen ausgearbeitet und in den Betrieben des Ministeriums für Nahrungsmittelindustrie der UdSSR auch eingesetzt. Der Vermischungsvorgang wird um das Sechzig- bis Achtzigfache schneller abgewickelt im Vergleich zu früher angewandten Methoden, gleichzeitig steigt die Qualität der Massen bedeutend. In den Städten Moskau, Swerdlowsk, Naltschik, Nowosibirsk sind Industrielinien der ununterbrochenen Wirkung montiert. Nach den Angaben der Hauptverwaltung für Konditorindustrie der UdSSR beträgt der ökonomische Effekt dank des Einsatzes der neuen Methode 400 000 Rubel pro Jahr.

Im Laufe des 9. Fünfjahrplanes (1971—1975) wurden in Betrieben und Zweiginstituten der Sowjetunion mehr als 90 wissenschaftlich-technische Ausarbeitungen des Instituts für physikalische Chemie eingesetzt. Ihr ökonomischer Jahresdurchschnittseffekt betrug etwa 5 Millionen Rubel, d. h. er entsprach etwa dem Jahreshaushalt des Instituts. Im Jahre 1976 wurden 25 wissenschaftlich-technische Ausarbeitungen des Instituts in die Volkswirtschaft eingeführt und 20 Arbeiten bestanden das Versuchsstadium in der Industrie. Ihr summarischer ökonomischer Jahreseffekt betrug mehr als 7 Millionen Rubel.

Trotz der bekannten Erfolge bei der Herstellung der Verbindung der Institutsarbeiten mit der Praxis, fordern von uns die Beschlüsse des XXV. Parteitages der KPdSU eine noch besser organisierte und hartnäckigere Arbeit in dieser Richtung. Im Referat des Genossen A. N. Kosygin wurde gesagt: „Uns befriedigt das heutige Tempo des Einsatzes der Leistungen aus Wissenschaft und Technik in der Produktion nicht ... Für die Entwicklung der Volkswirtschaft auf dem Wege der Intensivierung ist es notwendig, daß die Errungenschaften der wissenschaftlich-technischen Revolution organisch mit den Vorrechten des sozialistischen Wirtschaftssystems verbunden sind. Eine wichtige Rolle bei der Lösung dieser Aufgabe kommt der Wissenschaft zu".

Gerade deshalb muß man noch mehr die Verbindungen mit der Produktion festigen und vertiefen, neue Formen und Wege dafür finden und diese Verbindungen auf eine neue, höhere Ebene bringen.

Die im Februar 1977 in Moskau abgehaltene Beratung der Präsidenten der Akademien der Wissenschaften sozialistischer Länder betonte, daß der Sozialismus unbegrenzte Möglichkeiten für die Wissenschaftsentwicklung bietet. Zugleich realisiert der Sozialismus konsequent und effektiv die höchsten Errungenschaften der Wissenschaft bei der Durchsetzung der Interessen der Werktätigen, bei der Realisierung des gesellschaftlichen Fortschritts. Die vielseitige Zusammenarbeit der Akademien der Wissenschaften sozialistischer Länder ermöglicht die Effektivität wissenschaftlicher Forschungen zu erhöhen, den Erfahrungsaustausch zu verwirklichen, den Umfang der Zusammenarbeit zu vergrößern, den Einsatz der erzielten Ergebnisse in die Produktion zu erleichtern. L. I. Breshnew sagte auf dem Zusammentreffen mit den Päsidenten der Aakademien der Wissenschaften sozialistischer Länder „... wenn die Rede von der Zusammenarbeit sozialistischer Länder ist, so geschieht damit nicht einfach die Zusammensetzung, sondern die Vermehrung der Kräfte. In vollem Maße bezieht sich das auch auf wissenschaftliche Verbindungen".

Die gesammelten Erfahrungen ausnutzend, die Methoden der Entwicklung wissenschaftlich-technischer Verbindungen mit der Produktion vervollkommnend, die gemeinsamen Untersuchungen mit Wissenschaftlern sozialistischer Länder durch den RGW organisierend, wird das Kollektiv des Instituts für physikalische Chemie der AdW der UdSSR im 10. Fünfjahrplan nach der weiteren Erhöhung der Effektivität und Qualität seiner Arbeit streben.

Das sechzigjährige Jubiläum der Großen Sozialistischen Oktoberrevolution begingen die Mitarbeiter des Instituts mit vorfristiger Beendigung einer Reihe von wichtigen Arbeiten, mit der Erfüllung verantwortlicher Aufträge, mit der Entwicklung neuer Untersuchungsmethoden. Das Institut arbeitet zur Zeit aktiv, schöpferisch und mit großer Begeisterung.

E. Töpfer

Erfahrungen bei der Einführung grenzflächenaktiver Stoffe zur Intensivierung der Feinzerkleinerung

Zerkleinerungsprozesse spielen bekanntlich in vielen Industriezweigen eine wesentliche Rolle. In der DDR werden jährlich etwa eine halbe Milliarde Tonnen unterschiedlichster Feststoffe zerkleinert. Diese bedeutungsvolle Stellung der Zerkleinerung im Produktions- und Reproduktionsprozeß begründet, daß sie weltweit in zunehmendem Maße Gegenstand der Forschung geworden ist und weiter wird. Dem kommt umsomehr Gewicht zu, als bisher weder die technische Realisierung der Zerkleinerung befriedigen kann noch der Prozeß theoretisch ausreichend beherrscht wird. Noch immer kann nur ein sehr geringer Anteil der zugeführten Energie für die Erhöhung des Dispersitätsgrades, dem eigentlichen Ziel der Zerkleinerung, genutzt werden. So sind seit einigen Jahren auch im Forschungsinstitut für Aufbereitung der AdW Bemühungen im Gange, zur theoretischen Durchdringung des Zerkleinerungsprozesses beizutragen und technisch realisierbare Wege zu seiner Intensivierung aufzuzeigen. Eine Möglichkeit dazu sahen und sehen wir in der Anwendung von oberflächenaktiven Stoffen als Mahlhilfsmittel. Diese Variante erschien uns vor allem auch deshalb hoffnungsvoll, weil vereinzelte Arbeiten an anderen Stellen bereits teilweise positive Ergebnisse zeitigten und — ausgehend von der vorherrschenden Arbeitshypothese, wonach als wesentlicher Wirkungsmechanismus die Entfestigung des Gefüges (Rehbinder-Effekt) anzusehen war — weil wir erwarten konnten, daß die Ergebnisse solcher Untersuchungen ohne größere Schwierigkeiten in vorhandenen Anlagen produktionswirksam werden würden. Dieser Optimismus bestimmte uns letztlich auch dazu, von Anfang an grundlegende Untersuchungen über den Wirkungsmechanismus und die Erprobung von Tensiden für die Zementmahlung im technischen Maßstab parallel zu betreiben.

Heute müssen wir nun sagen, daß das Problem leider doch nicht so einfach zu lösen war und ist, wie es anfänglich schien. Bei den Forschungsarbeiten wechselten Licht und Schatten schnell aufeinander. Nach großem Erfolg in einem Betrieb wurden im nächsten kaum Verbesserungen im Mahlprozeß erzielt, und bei den grundlegenden Untersuchungen zur Aufklärung der Wirkungsmechanismen beim Einsatz von Tensiden als Mahlbeschleuniger merkten wir bald, daß die bestimmenden Vorgänge weit komplexer sind als zunächst angenommen worden war. Mit dem Fortgang der Arbeiten sahen wir uns also veranlaßt, unser Programm immer mehr zu verbreitern, um der Komplexität der Vorgänge im Gesamtsystem der Mahlanlage Rechnung zu tragen.

Natürlich muß das Mahlhilfsmittel, geeignet sind besonders Alkohole, Amine, Fettsäuren und ähnliche Verbindungen, zunächst einmal auf dem zu mahlenden Feststoff adsorbiert werden. Um Aussagen über die Wechselwirkung zwischen der Festkörperoberfläche und den grenzflächenaktiven Stoffen in Abhängigkeit vom Reagenztyp und Struktur zu erhalten, werden gravimetrische Sorptionsuntersuchungen durchgeführt. Aussagen über die Größe der Wechselwirkungskräfte zwischen Adsorbens und Adsorptiv sind möglich durch Berechnung der isosterischen Adsorptionswärme aus den bei unterschiedlichen Temperaturen aufgenommenen Isothermen. Aus bisher vorliegenden Ergebnissen ist zu schließen, daß es sich z. B. bei der Adsorption von n-Alkanolen an Zement um eine lokalisierte Anlagerung handelt, bei der verhältnismäßig große Wechselwirkungskräfte auftreten. Dies deutet auf eine Wasserstoffbrückenbildung zwischen der Hydroxylgruppe der Alkohole und den Oberflächenhydroxylgruppen bzw. dem Sauerstoff der Klinkerminerale hin. Trägt man nämlich für die Adsorptionsisotherme die adsorbierte Menge in µm Mol · m^{-2} auf, so ergibt sich für Propanol, Butanol und Hexanol eine einzige Isotherme, wie Abb. 1 zeigt. Die adsorbierte Menge ist also keine Funktion der Molekularmasse der Alkohole, sondern eine Funktion der Zahl der Hydroxylgruppen. Diese Aussage wird durch Ergebnisse von kleintechnischen

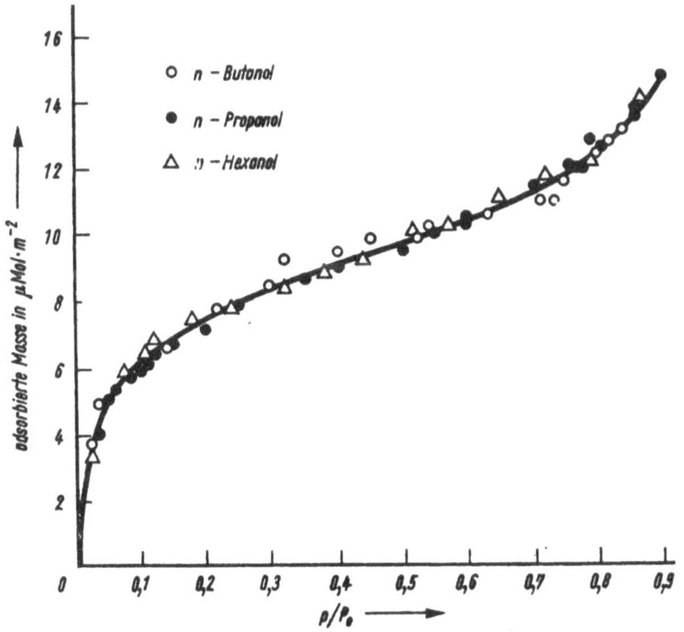

Abb. 1 Adsorptionsisotherme von n-Alkanolen an Zement

Mahlversuchen gestützt, bei denen sich mehrwertige Alkohole als effektiver erwiesen als einwertige.

Trotz Adsorption der Tenside an der Festkörperoberfläche konnte nun aber bisher von uns keinerlei Mahlhilfsmittelwirkung bei der Einzelkornzerkleinerung in Modellapparaturen oder der Grobzerkleinerung im technischen Maßstab im Sinne des Rehbindereffektes festgestellt werden. Demgegenüber registrierten wir deutliche Veränderungen im Fließverhalten feinster Körnungen und eine merkliche Intensivierung der trockenen Feinmahlung durch oberflächenaktive Stoffe. Man sollte trotzdem beim heutigen Stand der Forschung den Rehbinder-Effekt noch nicht ganz ausschließen; wir mußten aber unsere ursprüngliche Arbeitshypothese über die Wirkungsmechanismen weiter fassen und folgerichtig auch die Auswirkungen in technischen Mahlsystemen komplexer untersuchen. Folgende Möglichkeiten der Beeinflussung des Mahlprozesses durch Tenside möchten wir jetzt vor allem in Betracht ziehen:

- Verminderung der Grenzflächenenergie um den Betrag der freien Adsorptionsenergie, die eine Funktion der chemischen Aktivität zwischen Adsorptiv und Festkörperoberfläche ist.
- Verhinderung bzw. Verminderung der Agglomeration der Mahlgutpartikel durch Adsorption von Fremdatomen oder -molekülen zur Absättigung der freien Oberflächenvalenzen, deren Bedeutung mit wachsender Feinheit zunimmt.
- Beeinflussung der Schüttguteigenschaften des Materials (z. B. Fließfähigkeit, Zug- und Scherfestigkeit der Pulverschüttung, elektrischer Widerstand), wodurch die Materialbeweglichkeit zwischen den Beanspruchungsflächen und damit die Beanspruchungsbedingungen verändert werden.

Unsere bisherigen Ergebnisse weisen darauf hin, daß der Verminderung der Agglomeration im Feinkornbereich während der Mahlung durch Verringerung der Haftkräfte innerhalb der Pulverschüttung besondere Bedeutung zukommt. Das unterstreichen Zugfestigkeitsmessungen an Pulverschüttungen bei unterschiedlichen Konzentrationen von Oktandiol und Triäthanolamin, wie sie in Abb. 2 dargestellt sind. Mit der Verringerung der Haftkräfte ist stets eine Verbesserung der Fließfähigkeit des Mahlgutes verbunden. Die Veränderungen der Schüttguteigenschaften wirken sich nun in mehrfacher Hinsicht innerhalb des Mahlsystems aus:

In der Mühle selbst verringern sich merklich die Anbackungen an Mahlkörpern und Wand. Damit ergeben sich günstigere Beanspruchungsbedingungen. Durch die erhöhte Fließfähigkeit des Mahlgutes kommt es zu einer Verkürzung der Verweilzeit; genügend feines Material wird schneller ausgetragen und nicht unnötig weiter beansprucht (Abb. 3), weshalb der Durchsatz erhöht werden kann. Es ist aber zu beachten, daß es hinsichtlich der Verweilzeit ein Optimum geben muß, denn bei zu schnellem Durchlauf ist die Mahlung nicht ausreichend. Zur Optimierung der Bedingungen im Mahlraum sind noch umfangreiche Grundlagen- und

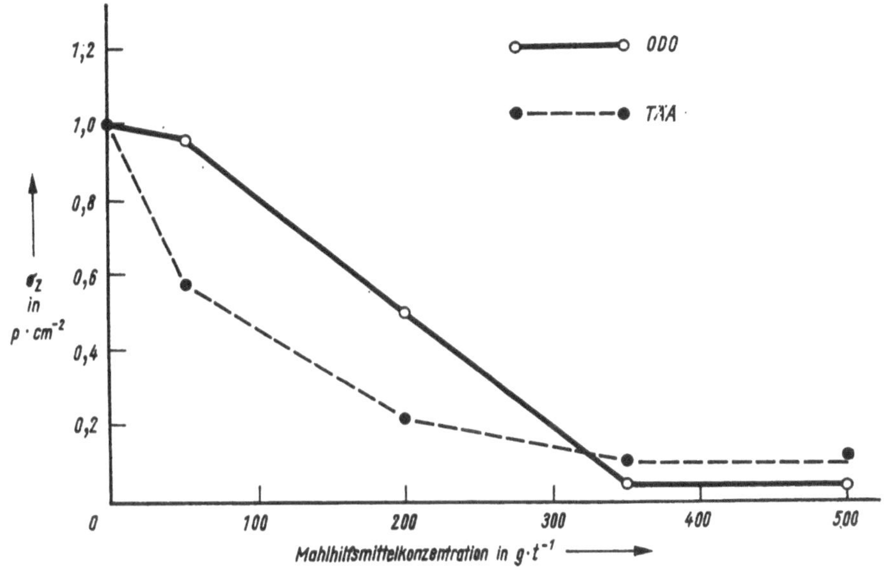

Abb. 2 Zugfestigkeit von Pulverschüttungen bei Verwendung von Triäthanolamin und Oktandiol als Mahlhilfsmittel

anwendungstechnische Untersuchungen erforderlich, um die Auswirkungen der veränderten Schüttguteigenschaften auf die Mahlgutbewegung durch die Mahlkörperschüttung, die günstigste Mahlkörpergröße und -gattierung in Abhängigkeit von der Körnung des Mahlgutes, die zweckmäßige Gestaltung des Mahlraumes und die Wahl der richtigen Mühlendrehzahl maximal zur Erhöhung der Effektivität des Mahlprozesses ausnutzen zu können.

Der Mühlenaustrag wird dem Windsichter zugeführt, wo die noch nicht ausreichend feinen Teilchen abgetrennt werden, die zur Mühle zurückgehen. Entsprechende Untersuchungen ergaben, daß der Klassiervorgang durch die veränderten Schüttguteigenschaften bei Anwendung von Mahlhilfsmitteln deutlich beeinflußt wird. Wie Abb. 4 zeigt, arbeitet dann der Sichter mit weit besserer Trennschärfe, wodurch die Fehlausträge an Feinem im Grobgut, die den Kreislauf unnötig belasten, wesentlich geringer werden. Damit ist eine weitere Durchsatzsteigerung möglich.

Für die betriebliche Anwendung von Mahlhilfsmitteln ist schließlich noch von Bedeutung, daß durch sie auch der Mahlanlage nachgeschaltete Verfahrensstufen beeinflußt werden. Es sind dies vor allem die Entstaubung der Abluft, der Transport und die Verarbeitung des Mahlgutes. Die Mühlenabluft enthält in der Regel mehr Staub, wenn mit Mahlhilfsmitteln gearbeitet wird. Seine Abscheidung in Schlauchfilteranlagen ist unproblematisch, wenn diese ausreichend dimensioniert

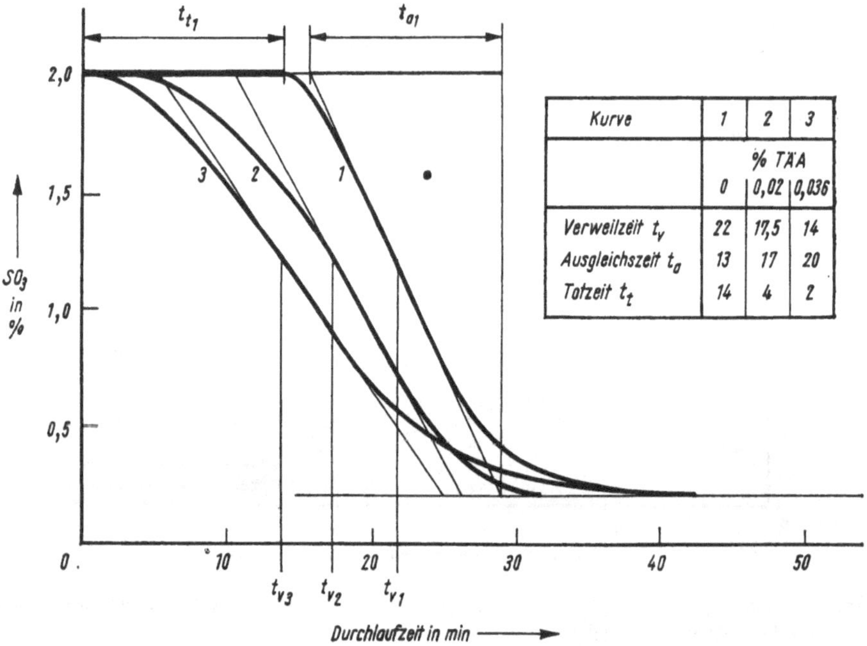

Abb. 3 Einfluß von Triäthanolamin auf die Verweilzeit des Mahlgutes in der Mühle

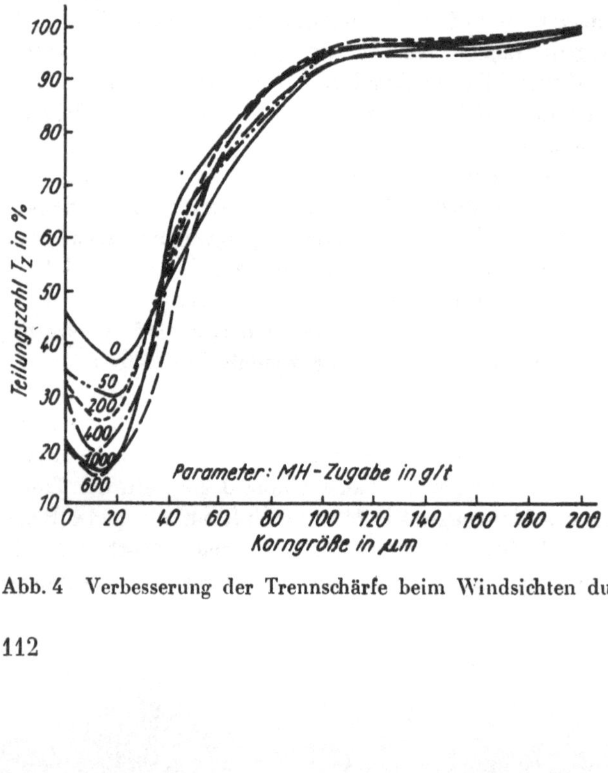

Abb. 4 Verbesserung der Trennschärfe beim Windsichten durch Mahlhilfsmittel

und in gutem Zustand sind. Die Entstaubung hingegen in Elektrofilteranlagen wir durch die adsorbierten Mahlhilfsmittel erschwert, da dadurch der spezifische elektrische Widerstand beträchtlich ansteigt, bei Zement z. B. von 10^8 auf 10^{12} Ohm · cm (Abb. 5). Bei solchen Werten ist die Abscheidung des Staubes ernsthaft in Frage gestellt. In Betriebsversuchen ist es aber inzwischen gelungen, durch Eindüsen von Wasser den spezifischen elektrischen Widerstand wieder auf die ursprünglichen Werte zu senken und damit eine ordnungsgemäße Entstaubung zu ermöglichen.

Der Transport und die spätere Verarbeitung der mit Mahlhilfsmitteln gemah-

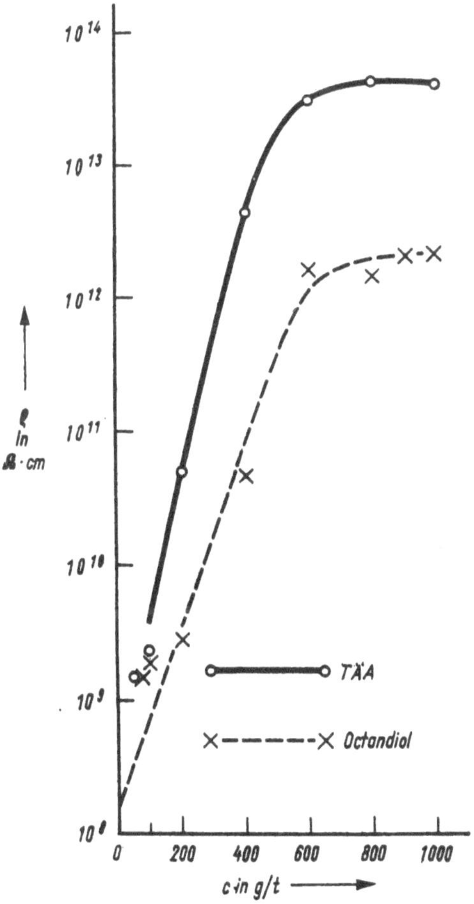

Abb. 5 Veränderung des spezifischen elektrischen Widerstandes durch die Adsorption von Tensiden

lenen Stoffe werden durch die erhöhte Fließfähigkeit häufig beeinträchtigt. Erschwert wird in der Regel der Bandtransport, wenn steile Gurtförderer eingesetzt sind, und die exakte Dosierung der feinen Pulver. Durch Veränderung der Bandneigung bzw. günstige Gestaltung der Austragsvorrichtungen können die Schwierigkeiten meist umgangen werden. Die diesbezüglich bei Betriebsversuchen gesammelten Erfahrungen veranlaßten uns, ein neues Auslegungsverfahren für Gurtbandförderer, die für den Transport feinkörniger, unter Tensidzusatz gemahlener Schüttgüter vorgesehen sind, auszuarbeiten. Der pneumatische Transport wird dagegen durch Mahlhilfsmittel erleichtret. Positive Auswirkungen haben sie schließlich auch auf die Lagerfähigkeit von Zement, Kalk, Gips und ähnlichen Gütern.

In beachtlichem Umfang werden heute bereits Mahlhilfsmittel großtechnisch für die Trockenmahlung eingesetzt. Sie ermöglichen, den Durchsatz der Anlagen um etwa 10 bis 30% zu erhöhen und damit auch den spezifischen Energiebedarf für die Mahlung um entsprechende Werte zu senken, die Mahlfeinheit zu erhöhen und auch teilweise die Qualität z. B. von Zement zu verbessern bzw. bei gleichbleibender Qaulität den Anteil minderwertiger Zumahlstoffe zu vergrößern. Sie würden in noch weit stärkerem Maße angewendet werden, wenn die chemische Industrie die notwendigen Mengen bereitstellen könnte. Das Interesse an der Einführung dieser Forschungsergebnisse resultiert natürlich in erster Linie aus den offensichtlichen ökonomischen Vorteilen und der grundsätzlichen Paßfähigkeit in vorhandene Anlagen. Sicher tragen aber auch bei, daß diese unter maßgeblicher Mitwirkung der Forschungskollektive in Betriebsversuchen bestätigt wurden und im Zuge der Bearbeitung das Forschungsprogramm soweit verbreitert worden ist, daß alle wesentlichen Auswirkungen auf den Gesamtbetrieb erkannt wurden und ihnen Rechnung getragen werden konnte, was das Risiko bei der Überführung einschränkte. Und wir konnten schließlich feststellen, daß das Vertrauen in die Zuverlässigkeit der Ergebnisse der anwendungstechnisch orientierten Forschung auch in dem Maße wuchs, wie sie durch Erkenntnisse der Grundlagenforschung theoretisch gestützt oder zumindest erklärbar wurden.

Im Sinne des Anliegens unserer Klassensitzung ergeben sich aus dem Ablauf und den Ergebnissen der Forschungsarbeiten zur Einführung grenzflächenaktiver Stoffe für die Intensivierung der Feinzerkleinerung einige Schlußfolgerungen, die über diese Forschungsaufgabe hinaus sicher auch für andere verfahrenstechnische Forschungen gelten. Demnach sind solche Forschungsergebnisse besonders überführungsfreundlich,

— die ein dringendes volkswirtschaftliches Bedürfnis befriedigen
— die technisch *und* ökonomisch *wesentliche* Vorteile versprechen (Der ökonomische Nutzen sollte exakt nachgewiesen werden; geringe Verbesserungen gegenüber dem Bestehenden sind selten ausreichend)
— die paßfähig in vorhandene Produktionsstrukturen und ggf. sogar -anlagen sind

- bei denen die Forschung in ausreichender Breite angelegt war, um alle wesentlichen Aspekte und Wechselwirkungen zu erfassen und nicht nur vereinzelte oder gar willkürlich gewählte Wirkungen ,Abhängigkeiten, Erscheinungen, Teilprozesse usw.
- bei denen die Verfahrensentwicklung bzw. überhaupt die anwendungstechnisch orientierte Forschung in ausreichendem Maße durch Erkenntnisse der Grundlagenforschung gestützt werden
- die nicht nur im Laboratorium gewonnen wurden, sondern durch Versuche im halb- oder gar großtechnischen Maßstab bestätigt worden sind.

L. Vajta

Forschungs- und Entwicklungsprobleme der ungarischen Erdöl- und petrolchemischen Industrie

Vor allem möchte ich mich für die ehrenvolle Aufforderung bedanken, an der Diskussionssitzung zum Thema „Zur Realisierung des Wissenschaftlich-technischen Fortschritts in der Industrie" teilzunehmen. In Verbindung mit der Diskussion möchte ich über die Forschungs- und Entwicklungsprobleme der ungarischen Erdöl- und petrolchemischen Industrie berichten, aufrichtig die wirkliche Lage und, neben den Ergebnissen, auch die Sorgen erörtern.

In unserem Land wird die Petrolchemie nach dem durch die Regierung genehmigten Petrolchemischen Zentralen Entwicklungsprogramm entwickelt, das auch ein separates Forschungszielprogramm hat. Die Ausgestaltung der Pläne dieses Zielprogramms, die Abstimmung der Arbeitsfragen geschieht in einem Programmbüro. An der Arbeit dieses Programmbüros nehmen auch die Vertreter der Ungarischen Akademie der Wissenschaften teil.

In der gegenwärtigen Periode der Entwicklungszielsetzung kommt der Ankauf der grundlegenden großen Technologien an die Reihe, und deshalb beschäftigt man sich bei den Forschungen mit den folgenden Aufgaben:

1. Im Falle des Ankaufs von kompletten Technologien machen sich Forschungen notwendig.

Für diese Forschungen ist es charakteristisch, daß eine Grundforschung von bedeutendem Volumen angestellt werden muß. Das mit dem Ankauf kompletter Technologien verbundene Know-How kann nämlich nur dann benutzt werden, wenn die grundwissenschaftlichen Fragen geklärt wurden. Als Beispiel weise ich hier auf die mit der katalytischen Reformierung verbundenen Forschungen hin, die durch Optimierung der Parameter der Reaktion, durch Untersuchung des katalytischen Wirkungsmechanismus die Auswahl der entsprechenden Betriebe ermöglicht haben. Der angewandte Forschungsinhalt der vorbereitenden Forschungen ist natürlich auch bedeutend, da die Änderung der Ausgangsstoffe, die Einschaltung der Zielprodukte in das weitere Produktionssystem veränderliche Aufgaben mit sich bringen.

Der technologische Betrieb kann als ein lebendiger Organismus betrachtet werden. Auch im Falle seines kompletten Ankaufs muß man sich darauf einstellen, daß der Betrieb kurz nach der Ingangsetzung weiterentwickelt werden muß. Der Zweck der vorbereitenden Forschungen ist also die Vorbereitung auf die Übernahme des gekauften Betriebs bzw. die Schaffung der wissenschaftlichen Basis der Weiterentwicklung.

2. Eine bedeutende Aufgabe der wissenschaftlichen Forschungen ist die Intensivierung der vorhandenen Betriebe.

Nach unseren Feststellungen beträgt der Kostenbedarf der Intensivierungen mit entsprechendem wissenschaftlichem Aufwand bezogen auf Produkteneinheit nur einige Prozent der Grundinvestitionen. Diese Forschungen beanspruchen grundwissenschaftliche Forschungen kleineren Volumens, und die angewandten Forschungen — neben den chemischen und elektrochemischen (Korrosions-) Forschungen — die Erweiterung der Kenntnisse über die Operationen.

Bei diesen Arbeiten ist es grundlegend wichtig, das untersuchte Thema systemtheoretisch zu bewerten, und die Systemanschauung bei den Forschungen geltend zu machen. Beispielsweise möchte ich eine solche Intensivierung an drei übrigens technologisch nicht komplizierten Prozessen vorführen: die Ergebnisse der Intensivierung der Erdölrückstands-Vakuumdestillation sowie die Ergebnisse der Intensivierung einer Extraktionskolonne für Schmierölraffination mit Phenol (Tab. 1, 2, 3, 4). Als Ergebnis der Intensivierungsforschungen konnte zum Beispiel die Produktion des Hochdruck-Polyäthylenbetriebs beinahe ums Doppelte erhöht werden, aber andere Beispiel können auch durch die Realisierung der Forschungsergebnisse charakterisiert werden.

Tabelle 1
Betrieb AV-I

	Grundbetrieb	Intensivierung	Intensivierter Betrieb
Kapazität, Mill. t/Jahr	1	0,5	1,5
Investitionskosten, 1000 Ft	183 762	905	184 667
Spezifische Investitionskosten, Ft/t	184	2	123
Mit der Produktion proportionale spezifische Verarbeitungskosten, Ft/t	40,14		27,61
Spezifischer Energieverbrauch:			
— Dampf, kg/h	119,05		73,06
— Heizstoff, kg/h	15,77		16,62
— Wasser, m^3/h	9,26		7,26
— Elektrizität, kW/h	5,02		4,10
Belegschaft, Pers.	30		30
Spezifische Belegschaft, Pers./Mill. t	30		20

Tabelle 2
Betrieb AV-II

	Grundbetrieb	Intensivierung	Intensivierter Betrieb
Kapazität, Mill. t/Jahr	2	0,5	2,5
Investitionskosten, 1000 Ft	271 319	5 492	276 811
Spezifische Investitionskosten, Ft/t	136	11	111
Mit der Produktion proportionale spez. Verarbeitungskosten, Ft/t	26,20		20,92
Spezifischer Energieverbrauch:			
– Dampf, kg/h	60,05		53,09
– Heizstoff, kg/h	15,92		16,49
– Wasser, m³/h	8,48		6,67
– Elektrizität, kW/h	4,97		3,92
Belegschaft, Pers.	37		32
Spezifische Belegschaft, Pers./Mill. t	19		14
	Jahr 1970		Jahr 1972

Tabelle 3
Betrieb AV-III

	Grundbetrieb	Intensivierung	Intensivierter Betrieb
Kapazität, Mill. t/Jahr	3	0,6	3,6
Investitionskosten, 1000 Ft	375 025	6 227	381 252
Spezifische Investitionskosten, Ft/t	125	11	106
Mit der Produktion proportionale spezifische Verarbeitungskosten, Ft/t	37,08		26,04
Spezifischer Energieverbrauch:			
– Dampf, kg/h	48,9		47,5
– Heizstoff, kg/h	15,4		13,3
– Wasser, m³/h	5,4		3,9
– Elektrizität, kW/h	4,5		5,0
Belegschaft, Pers.	39		33
Spezifische Belegschaft, Pers./Mill. t	13		9
	Jahr 1975		Jahr 1977

3. Ein bedeutender Teil der Forschung ist auf die anwendungstechnischen Forderungen der Produktqualitäten gerichtet.

Zur Zeit der extensiven Entwicklung spielen die Produktionsmengen die Hauptrolle. Es ist offenbar, daß einer der hauptsächlichen Zwecke der Forschungen die Erhöhung des anwendungstechnischen Wertes (Gebrauchswert) der Produkte ist.

Tabelle 4
Funktion einer Extraktionskolonne für Schmierölraffination mit Phenol in Abhängigkeit der Ladung

	Füllkörperkolonne	Kolonne mit Jalousie und Boden
Ausgangsstoff:		
Viskosität, cSt/100°C	22–23	22,89
Conradson-Zahl, Gew.-%	1,0–1,2	1,16
Spezifische Belastung, $m^3/m^2/h$	10,8–11	10,6
Verhältnis Ausgangsstoff/Phenol/Gewicht	1 : 3,1–3,2	1 : 2,7
Wasserzugabe in Prozent des Phenols	2	2,55
Temperatur:		
Spitze C°	92–94	92,5
Boden C°	74–76	75,2
Raffinat:		
Brechzahl	1,4710	1,4712
Ertrag, Gew.-%	60	58,7
Viskositätsindex	90	84

Tabelle 5
Anwendungstechnische Werte von Motorenölen

Jahr	Ölwechsel km
1955	1 500
1960	3 500
1965	4 000
1970	6 000
1975	12 000

Als Beispiel möchte ich die auf diesem Gebiet erzielten Ergebnisse an der ungarischen Motorenölherstellung zeigen (Tab. 5).

Das Ergebnis der Forschungen liegt darin, daß der ungarische Motorenölverbrauch im Laufe der vergangenen zehn Jahre keine wesentliche Erhöhung zeigte, obgleich der Motorpark bei den Motoren mit inneren Verbrennungen während dieser Zeit auf das Vierfache gestiegen ist, d. h. von 20 Millionen PS bis auf 80 Millionen PS. Im Zusammenhang damit möchte ich erwähnen, daß Schmierprobleme wie z. B., die Schmierung der Auffüll-Dieselmotoren hoher Leistung gelöst wurden.

Unter den in der ungarischen Landwirtschaft gebräuchlichen Traktoren gewinnen die Traktoren Rába Steiger 165 mit 245 PS Bedeutung, ja sogar neuerdings die mit 300 PS. Versuchsweise wurden auch Traktoren mit 500 PS in Betrieb gesetzt.

Die anwendungstechnische Entwicklung spielt bei der Lösung von sehr komplexen Aufgaben eine Rolle. Die Entwicklung der Agrartechnik hatte in Ungarn eine Verdopplung des Pflanzenbaus zur Folge. Ohne diese Entwicklung wären wir auf Importe aus kapitalistischen Ländern angewiesen. Daher sind die anwendungstechnischen Forschungen sehr komplex, und ihre modernen Behandlungsweisen beanspruchen erhöhte grundwissenschaftliche Forschungen, ohne die eine erfolgreiche Annäherung der interdisziplinären Probleme unmöglich ist. In Verbindung mit dem Beispiel der Motorenöle erwähne ich die tribologischen Forschungen.

4. Ein wichtiger Gesichtspunkt der chemisch-technologischen Forschungen ist die Nutzung der Nebenprodukte und der Abfälle sowie die Lösung von Umweltschutzproblemen, und diese beiden Fragen hängen sinngemäß zusammen.

Ich möchte aber hier nicht darüber sprechen, sondern über die Frage der Kapazitätsgrößenordnung. Es ist bekannt, daß in der Erdölverarbeitungs- und petrolchemischen Industrie eine Verdopplung der Kapazitätsgrößenordnung nur eine 1,4—1,6fache Erhöhung des Kapitalanspruchs mit sich bringt, und auch ihre zahlreichen sonstigen Vorteile wirken in Richtung der großen Kapazitäten. Diese unbestreitbaren Vorteile können bei der sozialistischen ökonomischen Integration der RGW-Länder genutzt werden. Ein gutes Beispiel dafür ist die Zusammenarbeit zwischen der DDR, ČSSR, Ungarn und der Sowjetunion auf dem Gebiet der Petrolchemie. Über diese unbestreitbaren Tatsachen bildete sich eine Anschauung heraus, charakterisiert durch ein amerikanisches Sprichwort: „Was groß ist, das ist schön.“

Dieses Thema soll aber vorsichtig betrachtet werden, und es ist nie zweckmäßig, einen technologischen Prozeß nur in sich selbst zu untersuchen. Bei einem gegebenen Produktionssystem kann nämlich eine relativ kleine Anlage die Gesamtwirksamkeit erfolgreicher verbessern, als eine große damit vergleichbare Anlage, die nur in sich selbst untersucht offenbar ökonomischer, aber nicht realisierbar ist.

Wir haben auch negative Erfahrungen bei der Einleitung von Forschungsergebnissen, wenn Forschung und Entwicklung in verschiedenen Instituten betrieben werden. Die Schaffung des maschinenindustriellen Hintergrunds der Forschungsergebnisse verschiebt die Realisierung sehr, und deswegen hat sich das Ergebnis im Zuge der Realisierung manchmal schon überlebt.

Obschon ich zahlreiche solche Beispiel auch auf dem Gebiet der Chemie erwähnen könnte, möchte ich lieber auf die Schlußfolgerungen hinweisen. Im Rahmen des Petrolchemischen Zentralen Entwicklungsprogramms werden die Ziele der Forschungsaufgaben orientiert und bestimmt. Für die Entwicklungsziele werden Netzpläne aufgestellt, die einerseits klären, welches Forschungsergebnis notwendig ist, andererseits die Aufgaben auch auf dem Gebiet der Entwicklung und Errichtung von Betrieben bestimmen. Es muß mit Bedauern festgestellt werden, daß der Engpaß dieser Entwicklung der maschinenindustrielle Hintergrund der Chemieindustrie ist. Und diese Feststellung trifft nicht nur für die Ungarische Volksrepublik gültig zu.

Schließlich erwähne ich, daß eine wirksame Durchführung der Forschungsaufgaben den Ausbau einer engeren Verbindung unter den in unseren Ländern laufenden Forschungen beansprucht. Die Sektion Chemische Wissenschaften der Ungarischen Akademie der Wissenschaften strebt mit allen Kräften dahin, diese Verbindungen zu vertiefen.

Nochmals danke ich dafür, daß Sie mir Gelegenheit zur Teilnahme an der Klassensitzung gegeben haben, und ich danke für Ihre Aufmerksamkeit.

G. Zimmermann

Wie müssen wissenschaftliche Ergebnisse beschaffen sein, damit sie praxiswirksam werden können?

Ich möchte mit meinem Diskussionsbeitrag aus der Sicht unseres Forschungsgegenstandes einige Anmerkungen zu zwei Fragen machen, nämlich zur Frage, wie wissenschaftliche Ergebnisse beschaffen sein sollten, damit sie rasch produktionswirksam werden und eine breite Anwendung finden können, und zu der Frage, ob es richtig ist, die Grundlagenforschung bereits zu einem sehr frühen Zeitpunkt auf einen konkreten Anwendungsfall zu orientieren.

Dabei möchte ich mich auf wenige Aspekte dieser Fragestellungen beschränken und auf eine Wiederholung von bereits vom Grundsatz her Gesagtem verzichten.

Wir beschäftigen uns am Zentralinstitut für Organische Chemie der AdW der DDR in Leipzig seit mehr als 10 Jahren mit Problemen der Erzeugung organischer Grundstoffe durch Pyrolyse von Kohlenwasserstoffen. In diese Zeit fiel eine Entscheidung, die in ihrer Konsequenz auf die Einstellung fast aller Forschungs- und Entwicklungsarbeiten auf diesem Gebiet hinauslief, obwohl hier eine überproportionale Produktionssteigerung zu erwarten war und nun auch eingetreten ist.

Ich erwähne das deshalb, weil diese Entscheidung von der auch heute noch verbreiteten und durch einseitige Orientierung auf quantitative Kennziffern unterstützten Meinung begleitet war, daß Forschung nur gerechtfertigt ist, wenn eigenständige Verfahrens- und Produktentwicklungen betrieben und danach Anlagen errichtet werden. Ein solcher Standpunkt ist falsch, weil er in hohem Maße einseitig ist, und er ist auch deshalb falsch, weil bereits die Beantwortung der Frage, wie wissenschaftliche Ergebnisse beschaffen sein müssen, um rasch produktionswirksam werden zu können, ganz entscheidend von der Spezifik des Forschungsgegenstandes abhängig ist. Dies möchte ich durch einige Hinweise verdeutlichen.

Zunächst möchte ich feststellen, daß die aus der Bearbeitung unseres Forschungsgegenstandes resultierenden Ergebnisse und Erkenntnisse (abgesehen von der rein wissenschaftlichen Bereicherung) nur in ausgesprochen großen Produktionsanlagen ihren Niederschlag finden. Die Errichtung solcher Anlagen ist an Gesamtinvestitionen im Milliardenbereich gebunden. Demzufolge wird es nur relativ selten der Fall sein, daß neue wissenschaftliche Ergebnisse über den Bau einer neuen Anlage produktionswirksam werden können.

In dieser Hinsicht unterscheidet sich die Überführungsproblematik ganz wesentlich von derjenigen, die aus der Forschung auf dem Gebiet kleintonnagiger Produkte resultiert.

Es wäre deshalb falsch und unverantwortlich, wenn die Grundlagenforschung bei einer solchen Einschätzung ausschließlich auf einen konkreten Anwendungsfall ausgerichtet und ausschließlich in den Dienst einer Verfahrensentwicklung gestellt würde.

Ausgehend von dieser Einschätzung haben wir unsere Forschung auf die Bearbeitung ausgewählter — und wie wir meinten — grundsätzlicher Probleme orientiert, an deren Ergebnisse im wesentlichen drei Anforderungen geknüpft waren:

- Die problembezogenen Ergebnisse sollten durch einen hohen Grad an Grundsätzlichem geeignet sein, praktisch unbefriedigende Lösungen wissenschaftlich begründet zu verändern;
- sie sollten wichtige Zusammenhänge so umfassend beschreiben, daß sie selbst den Anforderungen gerecht werden, die in einer der Grundlagenforschung zeitlich nachgeschalteten Entwicklungsphase gestellt werden;
- sie sollten wissenschaftlich begründete Argumente für künftige Entscheidungsprozesse liefern.

Bei der Konzipierung unserer Arbeiten waren wir von der Einschätzung ausgegangen,

- daß auf dem Gebiet der Pyrolyse der wissenschaftliche Erkenntnisstand weit hinter der industriellen Anwendung zurückgeblieben ist,
- daß aber die Pyrolyse von Benzinfraktionen als technisch-ökonomisch gelöst angesehen werden kann und die noch auftretenden technischen Schwierigkeiten sich in erster Linie um den Problemkreis der Bildung und Ablagerung wasserstoffarmer und kohlenstoffreicher koksähnlicher Produkte konzentrieren.

Daraus leiteten wir unsere Forschungsschwerpunkte ab, die wir u. a.

- in der Aufklärung der Abhängigkeit der Koksbildung von Siedelage und Zusammensetzung der Einsatzprodukte, von der Reaktionstemperatur bzw. dem Fortschreitungsgrad der Reaktion und
- in der Erkundung von Möglichkeiten sahen und sehen, die Ablagerung von koksähnlichen Produkten in Pyrolyseanlagen zu verhindern.

Die Struktur der sich daraus ableitenden und zu bearbeitenden Forschungsprobleme zwang uns zu umfassenden Untersuchungen zahlreicher Abhängigkeiten in einem großen Parameterraum, deren Ergebnisse zur qualitativen und quantitativen Beurteilung von Betriebszuständen in Produktionsanlagen nützlich waren.

Eine Situationsanalyse der Olefinanlage Böhlen (= Prozeßanalyse) gab uns nun die Möglichkeit, diese Nützlichkeit zu bestätigen.

Im Ergebnis der Prozeßanalyse stellte sich sehr bald heraus,

- daß bei dem Fahrregime, das dem Projekt zugrunde lag, mit außergewöhnlich hohen Koksbildungsraten zu rechnen war,

- daß gegenüber anderen Olefinerzeugungsanlagen eine andere lokale Verteilung des abgelagerten Kokses eintrat,
- daß insbesondere das Fahrregime nicht genügend auf die Siedelage des Einsatzproduktes abgestimmt war und
- daß bei einem Betreiben der Anlage unter den im Projekt ausgewiesenen Bedingungen ein Abbau von Zielprodukten und die Bildung unerwünschter Nebenprodukte stattfindet.

Diese Sachverhalte konnten durch Extrapolation praktischer Erfahrungen wahrscheinlich gemacht und durch wissenschaftliche Ergebnisse bewiesen werden. Sie lösten darüber hinaus konkrete Untersuchungen aus, die auf Grund des vorhandenen methodischen Vorlaufes kurzfristig durchgeführt werden konnten.

Diese Feststellung möchte ich an einem Beispiel untermauern: Die zur Koksbildung führenden Reaktionen sind typische Nebenreaktionen. Ihr Anteil am gesamten Reaktionsgeschehen liegt weit unter 1%. Bei der Aufstellung von Stoffbilanzen liegt die gebildete Menge an Koks an der Fehlergrenze der Bilanzierung, aber im Zusammenhang mit der technischen Reaktionsführung erwachsen aus diesen Nebenreaktionen Probleme, die einen großen Einfluß auf das wirtschaftliche Gesamtergebnis ganzer Anlagenkomplexe ausüben, in deren Mittelpunkt Pyrolyseanlagen stehen.

Der Koks macht sich in drei Anlagenteilen störend bemerkbar:

- im Pyrolysereaktor (hier spricht man von Primärkoks);
- im Spaltgaskühler, dem die Funktion zufällt, die Reaktion nach kurzer Verweilzeit bei hoher Temperatur einzufrieren und Wärmeenergie in arbeitsfähige Energie umzuwandeln (hier spricht man von Sekundärkoks);
- im sogenannten Quenchsystem, wo dem Reaktionsgemisch die fühlbare Wärme durch direkte Kühlung mit Hilfe eines Ölkreislaufes entzogen wird (hier spricht man von Tertiärkoks).

In einer zum Studium der Primär- und Sekundär-Koksbildung konzipierten Pyrolyseapparatur haben wir sowohl *den Einfluß* der Siedelage von straight-run-Destillation (bei $\sim 360°$) als auch *den Beitrag* positionell ^{14}C-markierter individueller Kohlenwasserstoffe unterschiedlicher Strukturtypen zur Koksbildung untersucht und dabei folgendes festgestellt:

1. Der Anteil des gebildeten Primärkokses ist bei vorgegebenen Spaltbedingungen innerhalb der Fehlergrenze der Versuchsmethodik von der Siedelage unabhängig.
2. Die Sekundärkoksbildung steigt mit der Siedelage kontinuierlich an.
3. Acetylen-Kohlenwasserstoffe sind die mit Abstand stärksten Primärkoksbildner. Die Neigung aller anderen Kohlenwasserstoffe zur Primärkoksbildung ist signifikant geringer.
4. An der Sekundärkoksbildung sind neben Acetylen-Kohlenwasserstoffen insbesondere solche Kohlenwasserstoffe beteiligt, die eine große Neigung zur

thermischen Polymerisation besitzen bzw. leicht Diels-Alder-Reaktionen eingehen (1,3-Diene, Vinylaromaten).

Die im Ergebnis der Prozeßanalyse vorgenommenen Änderungen des Betriebsregimes stehen im Einklang mit den soeben erwähnten Befunden und führten zu einer deutlich höheren Produktionsstabilität. Die Befunde zeigen uns darüber hinaus, in welcher Weise sich die Probleme verlagern, wenn man höhersiedende straight-run-Destillate zur Erzeugung organischer Grundstoffe durch Pyrolyse einsetzen würde.

An Hand dieses Beispiels wollte ich die folgenden zwei Feststellungen unterstreichen:

1. Auch außerhalb sogenannter Verfahrensentwicklungen erarbeitete wissenschaftliche Ergebnisse können für die Lösung praktischer Fragen sehr nützlich sein und zur Beseitigung von Schwierigkeiten führen, die ihre Wurzeln bereits in Projektunterlagen haben.
2. Durch Prozeßanalysen und die daraus abgeleiteten Maßnahmen kann die Wissenschaft sehr rasch und unmittelbar zur Produktivkraft werden. Um neue wissenschaftliche Erkenntnisse praxiswirksam werden zu lassen, bedarf es also nicht des Baues neuer Produktionsanlagen.

Und daraus folgt zwingend,

- daß bei einer sorgfältigen Analyse der Problemstruktur auch anscheinend rein akademisches Interesse besitzende Forschung eine hohe Praxisrelevanz besitzen kann und
- daß man Forschungsproblemen, die von ihrem Anliegen her praxisrelevant sind, nicht vorschnell mit dem Argument „kann in nächster Zeit nicht realisiert werden“ die Unterstützung versagen sollte.

Die Einführung neuer Ergebnisse in die Praxis über den Weg der Investition ist eben nur eine Möglichkeit. Dieser Weg wird in den nächsten Jahren nicht unser Hauptweg sein, und deshalb sollten wir uns an vielen Stellen von althergebrachten Forschungsstrategien trennen, die in zu starkem Maße auf die Erarbeitung solcher wissenschaftlicher Ergebnisse abzielen, welche fast ausschließlich über den Bau von neuen Produktionsanlagen praxiswirksam werden können.

G. Keil

Schlußwort

Verehrte Anwesende!

Ich möchte Ihnen sum Schluß unserer Veranstaltung als erstes noch einmal recht herzlich danken dafür, daß Sie es ermöglicht haben, an der Klassensitzung teilzunehmen, dafür, daß soviele interessante Beiträge zu unserem Thema gebracht wurden und dafür, daß die Diskussion so lebhaft und angeregt geführt wurde.

Es war die dritte Sitzung der Klasse Chemie mit internationaler Beteiligung, mit Freunden aus sozialistischen Ländern, und sicher die lebendigste. Bei der Durchführung der Veranstaltung sind einige Unzulänglichkeiten aufgetreten, und wir bitten Sie, diese zu entschuldigen.

Wir schätzen ein, daß unsere Klassensitzung ein gelungener Versuch war, in einem großen Kreis komplizierte Fragestellungen in einer „freien" Diskussion zu erörtern, und hoffen, daß Sie diese Meinung teilen. Wir haben viel gelernt, was wir das nächste Mal besser machen können, aber wir sind vor allem durch die Diskussion darauf hingewiesen worden, wie wir unsere wissenschaftliche Arbeit verbessern, wie wir zu besseren Ergebnissen kommen können.

Ich habe gemeinsam mit einigen Kollegen in der heutigen Mittagspause versucht, aus den vielen interessanten Diskussionsbeiträgen einige besonders wichtige Punkte herauszuarbeiten. Ich muß Ihnen sagen, wir haben es nicht geschafft. Es ist in einer großen Breite diskutiert worden (nicht etwa vom Thema weg!), weil die Fragestellung eine sehr komplexe Behandlung notwendig machte. Uns ist wieder deutlich geworden, wie vielschichtig die behandelte Problematik ist. Sie geht von der Forscherpersönlichkeit über die Frage, wie diese Persönlichkeit wirksam wird bis hin zu den technischen Mitteln der Einführung der Ergebnisse.

So viele gute, neue, originelle Bemerkungen innerhalb einer kurzen Zeit verallgemeinern zu wollen, ist nach unserer Erfahrung nicht möglich und würde dem Wert der Diskussion nicht entssprechen. Einiges ist ganz klar geworden: Es gibt einige Unverzichtbarkeiten — das ist die Unverzichtbarkeit auf fundamentale Arbeiten, das ist die Unverzichtbarkeit auf die Komplexität bei der Bearbeitung einschließlich der interdisziplinären Arbeit, das st die Unverzichtbarkeit auf gesellschaftliche Relevanz, und das ist die Unverzichtbarkeit auf die Durchgängigkeit der Bearbeitung der wissenschaftlichen Probleme bis zu den Ingenieurwissenschaften, der Projektierung, dem Bau und dem Betrieb von Anlagen bzw. der Anwendung der Produkte.

Um aus diesen zwei interessanten Tagen die notwendigen Schlußfolgerungen ziehen zu können, schlage ich vor, daß alle Kollegen, die ihre Diskussionsbeiträge nicht halten konnten, uns in den nächsten 14 Tagen die druckreifen Manuskripte zusenden. Wir werden dann versuchen, aus dem diskutierten und dem übersandten Material eine Zusammenfassung zu erarbeiten. Wir werden diese Verallgemeinerung unter unserer Verantwortung drucken, denn wir können sie nicht mit dem gesamten Kreis der hier Anwesenden abstimmen.

Die Beiträge, die hier gehalten wurden sowie die, die uns noch zugestellt werden, die Thesen, das Einführungsreferat und die Zusammenfassung werden dann relativ schnell gerdruckt und Ihnen übergeben.

Der Präsident unserer Akademie hat zugestimmt, daß er diese so interessante Diskussion, aus der sich sicher noch viele wichtige Gedanken ableiten lassen, in geeigneter Weise unserer Partei- und Staatsführung zur Verfügung stellt als einen Beitrag für die Entwicklung der Wissenschaftsorganisation.

Wir haben uns auch darüber geeinigt, daß es zweckmäßig wäre, wenn unser Präsident dieses Material an die Präsidenten der Akademine der sozialistischen Länder zur Kenntnisnahme übersenden würde. Daß es allen Teilnehmern übergeben wird, ist selbstverständlich.

Ich danke allen, die sich um die Organisation dieser Sitzung bemüht haben oder die als Betreuer unserer Gäset tätig waren.

Ich möchte zum Schluß Ihnen allen für die schöpferische Aussprache noch einmal danken. Sie wird, davon bin ich überzeugt, in der nächsten Zeit eine entscheidende Rolle in unserer Arbeit spielen.

Allen Teilnehmern, vor allem unseren ausländischen Gästen, wünsche ich eine gute Heimreise.

G. Keil, E. Apel
und H. Klare

Zusammenfassung der Beiträge

Diese Sitzung der Klasse Chemie der Akademie der Wissenschaften der DDR, an der viele ihrer ausländischen Mitglieder teilnahmen, beschäftigte sich mit Problemen, die für jeden Wissenschaftler von Bedeutung sind, gleich auf welchem Gebiet der Forschung er arbeitet.

Art und Umfang des Beitrages der Wissenschaft zur Erhöhung der Effektivität der Industrie sowie die Bedingungen, unter denen dieser Beitrag optimal sein kann, sind offensichtlich Fragen, die nicht nur für *ein* Land von großem Interesse sind. Die Tatsache, daß die ausländischen Teilnehmer der Einladung zu dieser Sitzung so zahlreich gefolgt sind und die lebhafte Beteiligung an der Beratung zeigen, daß hier Probleme behandelt wurden, die für die Entwicklung der Wissenschaften aller sozialistischen Länder von großer Bedeutung sind.

Aus diesem Grund haben wir uns entschlossen, eine Zusammenfassung aller Beiträge zu erarbeiten. Sie enthält sowohl Feststellungen, die nach der einhelligen Meinung der versammelten Wissenschaftler als bestätigte Erkenntnisse betrachtet werden können, als auch Gedanken und Hinweise, die, nach der Meinung der Autoren, durch weitere Arbeit noch überprüft werden sollten und wichtige Ansatzpunkte für die weiteren Diskussionen sein können.

1. Während der Sitzung wiesen insbesondere die sowjetischen Teilnehmer darauf hin, daß die Wissenschaftler der sozialistischen Länder nunmehr zur Beratung über Art, Umfang und Bedingungen des Beitrages der Wissenschaft zur Erhöhung der Effektivität des gesamten gesellschaftlichen Reproduktionsprozesses gut vorbereitet sind. Dafür sprechen nicht nur Ergebnisse der Forschung in den einzelnen Ländern, sondern auch die Erfahrungen bei der bilateralen und multilateralen Zusammenarbeit der Wissenschaftler. Andererseits ist mit der verstärkten Intensivierung der Volkswirtschaften auch die Notwendigkeit größer geworden, den Beitrag der Forschung an der Effektivitätssteigerung der Industrie sowie die Bedingungen, unter denen er optimal sein kann, genauer zu bestimmen.

Die Beratung beschränkte sich auf die Zusammenhänge zwischen Forschung und Industrie (einschl. industrialisierter Landwirtschaft). Die Wirkung der Wissenschaft auf die anderen Bereiche des gesellschaftlichen Lebens wurde nicht explizit diskutiert.

2. Alle Teilnehmer gingen davon aus, daß die Forschung eine zweifache Aufgabe hat. Einerseits vertieft sie die Kenntnisse über die lebende und unbelebte Materie und erweitert den Bereich des menschlichen Wissens. Andererseits gibt sie, gestützt auf diese feste wissenschaftliche Grundlage, der gesellschaftlichen Praxis jene unmittelbaren Ergebnisse, die sie zur bedeutenden Produktivkraft machen. Beide Seiten widersprechen sich nicht, sondern bilden eine dialektische Einheit. Die richtige Beherrschung dieser Zusammenhänge ist jedoch ein äußerst komplizierter Prozeß. Sie sind das Hauptkettenglied bei der bewußten Entwicklung der Wissenschaften.

Aus dieser Erkenntnis ergaben sich zwei wichtige Fragen, auf die alle Teilnehmer in dieser oder jener Weise eingegangen sind:

1. Kann es eine Priorität einer der beiden Seiten der Wissenschaft bzw. der Forschung geben?
2. Ist eine Trennung der Forschung in eine Grundlagenforschung und eine Zielforschung bzw. angewandte Forschung möglich und zweckmäßig?

Bereits in den Thesen wurde betont, daß es keine langfristige erfolgreiche Entwicklung der Volkswirtschaften geben kann, wenn einer Seite des genannten Zusammenhanges der absolute Vorrang eingeräumt wird. Es ist möglich, die Forschung zeitweise zugunsten der zweckgebundenen Industrieanwendung einzuschränken oder aber die Anwendung der Forschung gegenüber ihrer allgemeineren erkenntniserweiternden Seite zu vernachlässigen und trotzdem relative Erfolge zu erzielen. Aber diese Erfolge werden nur zeitweilig sein, und sie sind tatsächlich relativ, da die temporären Ergebnisse die unausweichlich folgenden Tempoverluste im Gesamtsystem Wissenschaft—Produktion nicht aufwiegen.

Diese These wurde von allen Wissenschaftlern einmütig gebilligt.

Die Verletzung dieses Zusammenhanges kann sowohl in der Forschung als auch in der Industrie in sehr unterschiedlichen Erscheinungen zum Ausdruck kommen. In der Beratung wurde eine Vielzahl von Beispielen angeführt, die sowohl von aktuellem praktischem Interesse sind als auch zur tieferen theoretischen Durchdringung der dialektischen Einheit von Erkenntnisgewinn und Produktionswirksamkeit beitragen können.

So wurde nachgewiesen, daß der Import von Technologien bzw. von know-how nicht dem Import des wissenschaftlich-technischen Fortschrittes gleichgesetzt werden kann. Erwerb von Technologien befreit nach übereinstimmender Meinung nicht von der Notwendigkeit, auf den entsprechenden Wissensgebieten selbst ausreichende Forschung zu betreiben. Ohne eigene wissenschaftliche Grundlagen können importierte Technologien auf die Dauer nicht optimal betrieben werden. Diese Feststellung erhält unter den Bedingungen der immer engeren Zusammenarbeit der Länder zunehmende Bedeutung.

Eine tiefgründige Diskussion entwickelte sich im Zusammenhang mit der Beantwortung der zweiten Frage, die das Verhältnis zwischen Grundlagenforschung und angewandter Forschung betrifft. Eine Trennung der Grundlagenforschung von der angewandten Forschung könnte nur in dem Sinne der Trennung von Erkenntniserweiterung und Produktionswirksamkeit verstanden werden. Es ist offensichtlich, daß bei der diesbezüglichen Diskussion sowohl die gesellschaftliche Funktion der Erkenntniserweiterung als auch der Inhalt der Produktionswirksamkeit geklärt werden müssen, und daß die entsprechenden Erkenntnisse nicht nur von großer praktischer, sondern auch von theoretischer Bedeutung sind.

Obwohl der Begriff der Produktionswirksamkeit in keinem Beitrag definiert wurde, kam in den Äußerungen der meisten Diskussionsredner zum Ausdruck, daß darunter keinesfalls nur die unmittelbar anlagenbezogenen bzw. produktbezogenen Hinweise der Wissenschaft verstanden werden dürfen. Es wurde mehrfach betont, daß Ergebnisse der Grundlagenforschung, selbst solche mit hohem Abstraktionsgrad hinsichtlich der Struktur der Materie oder des Ablaufes von Prozessen, stets unmittelbar produktionswirksam sein können. Die entscheidende Aussage ist, daß diese Wirkung zwar nicht in jedem konkreten Fall mit Notwendigkeit eintritt, aber daß sie stets potentiell vorhanden ist, daß es also zwischen den Erkenntnissen der Wissenschaft und ihrer Produktionswirksamkeit keine prinzipielle Schranke gibt. Es war von besonderer Wichtigkeit, daß gerade diese These durch eine große Zahl von Beispielen aus der Praxis der Zusammenarbeit zwischen Forschung und Industrie unterstützt werden konnte. Einhellig bekräftigten die Anwesenden die Einsicht, daß die Wissenschaft der Praxis keine bessere Hilfe geben kann als eine richtige Theorie.

Damit wird auch offensichtlich, daß es keine qualitative Trennung zwischen Grundlagenforschung und angewandter Forschung geben kann. Die Produktionswirksamkeit einer wissenschaftlichen Erkenntnis ist in dem Maß gegeben, wie sie die objektiven Faktoren der belebten und unbelebten Materie richtig widerspiegelt. Die Anpassung der Forschungsergebnisse an die realen Produktionsbedingungen erfordert im allgemeinen weitere Arbeitsschritte. Diese können sowohl auf dem Gebiet der Wissenschaft als auch der gezielten technologischen Entwicklungen liegen. Die fortschreitende Adaption der wissenschaftlichen Erkenntnisse rechtfertigt jedoch keine formale Trennung zwischen Grundlagenforschung und angewandter Forschung.

Während der Beratung wurde diese Feststellung von den Teilnehmern mit unterschiedlicher Konsequenz ausgesprochen. Es wurde betont, daß die Grundlagenforschung und die angewandte Forschung nebeneinander und gleichzeitig mit gleich hohem Niveau durchgeführt werden können, und daß die Arbeit für die Industrie ein hohes Niveau der Grundlagenforschung nicht ausschließt (OM Schirmer, OM Riedel, OM Bobeth, AM Spizin).

Prof. Boldyrev wies darauf hin, daß Grundlagenforschung unmittelbar produktionswirksam werden kann. Am Beispiel der Festkörperchemie legte er weiterhin dar, daß das selbst für Wissensgebiete gilt, deren theoretische Grundlagen noch nicht ausreichend gesichert sind. Mehrfach wurde betont, daß die Grundlagenforschung über die angewandte Forschung, die betriebliche Forschung und Entwicklung, ja selbst über die Realisierungsphase hinausreicht. Dieser Meinung schlossen sich u. a. AM TRZEBIATOWSKA, KM NOWAK und AM SPIZIN an. Die enge Verbindung zwischen Erweiterung der menschlichen Erkenntnis und Produktionswirksamkeit kam schließlich in der Feststellung zum Ausdruck, daß viele Ergebnisse grundlegender Forschung überhaupt nur an produzierenden großtechnischen Anlagen erarbeitet werden können (OM RÄTSCH). Diese und eine Reihe weiterer Darlegungen lassen den Schluß zu, daß die Wissenschaft von der Mehrheit der Teilnehmer als Gesamtheit betrachtet wird, deren einzelne Bereiche sich hinsichtlich der potentiellen Produktionswirksamkeit nicht wesentlich unterscheiden. Entsprechend dem bereits erfolgten Grad der Anpassung an die realen volkswirtschaftlichen und technischen Möglichkeiten kommt den wissenschaftlichen Ergebnissen eine unterschiedliche *unmittelbare* Produktionswirksamkeit zu, jedoch lassen sich daraus keine qualitativen Grenzen zwischen den Wissenschafts- bzw. Forschungsstufen ableiten.

Das bedeutet, daß jeder Wissenschaftler, gleichgültig auf welcher Stufe wissenschaftlicher Abstraktion er arbeitet, seine Tätigkeit stets unter dem Aspekt der Praxiswirksamkeit beurteilen muß. Andererseits kann die Deklarierung der Grundlagenforschung als selbständiger, von der unmittelbaren Praxis losgelöster Bereich wissenschaftlicher Arbeit dazu führen, daß die Forschung die Verbindung zu ihrer entscheidenden materiellen Basis verliert — der gesellschaftlichen Wirklichkeit.

Man muß an dieser Stelle hinzufügen, daß sich jedoch nicht alle Teilnehmer dieser Ansicht anschlossen. Prof. PUNGOR hielt eine strenge Trennung zwischen Grundlagen- und Zielforschung für notwendig. Prof. KURTEV befürwortete zumindest eine Spezialisierung der Wissenschaftler auf eines der beiden Gebiete, sprach sich jedoch für eine enge Zusammenarbeit aus.

Bei der Diskussion des Verhältnisses von Grundlagenforschung und angewandter Forschung wurde deutlich, daß es sich letztlich um eine modifizierte Form der Auseinandersetzung über die beiden Seiten der Wissenschaft handelt. Hält man einerseits die Fähigkeit der Wissenschaft, die menschliche Erkenntnis zu erweitern und andererseits die Fähigkeit, der materiellen Produktion unmittelbar nutzbare Ergebnisse zu geben, für untrennbare Seiten einer Einheit, dann kann die Gesamtheit der Wissenschaft nicht in zwei Bereiche geteilt werden, die sich gerade hinsichtlich der Rolle dieser beiden Seiten grundsätzlich unterscheiden.

Das „Sowohl-als auch" der Wissenschaft, sowohl Erweiterung der Grundlagen der Erkenntnis als auch unmittelbare Wirkung auf die gesellschaftliche Praxis, gilt nicht nur für die Wissenschaft als Ganzes sondern auch für alle ihre Teile. Es darf nicht übersehen werden, daß nicht nur die innere Einstellung des Wissenschaftlers zu seiner Arbeit, sondern auch die praktische Erarbeitung von Forschungskonzeptionen und Aufgabenstellungen vom Standpunkt des Forschers zu dieser Frage stark beeinflußt wird.

Der weiteren Behandlung dieses Problems muß deshalb große Aufmerksamkeit gewidmet werden. Das gilt um so mehr, da

— die in dieser Zusammenfassung herausgearbeitete Meinung nicht von allen Teilnehmern geteilt wurde,

— diese herausgearbeitete Meinung in den Beiträgen nicht explizit ausgesprochen wurde, sondern sich erst aus der Gesamtheit aller Diskussionen über die Beiträge ergab und schließlich
— wichtige aktuelle Zusammenhänge zwischen der inneren Logik der Fachwissenschaften und den Erfordernissen der Industrie nicht ausführlich diskutiert werden konnten.

3. Die Verneinung der Priorität einer der beiden Seiten der Wissenschaft und die damit verbundene Betonung ihrer Einheitlichkeit schließen nicht aus, daß zwischen Produktionswirksamkeit und Erkenntniserweiterung bestimmte Proportionen gewahrt werden müssen. Daraus leitet sich auch die materielle (den Einsatz der Kräfte und Mittel betreffende) und die sehr vielfältige inhaltliche Proportionierung der wissenschaftlichen Arbeit ab.

Mit diesem Problem beschäftigten sich viele Beiträge.

Einhellig betonten die Teilnehmer der Klassensitzung die Rolle der Verfahrenstechnik. Sie unterstrichen damit für ihr Fachgebiet die von den Partei- und Staatsführungen bereits wiederholt festgestellte Tatsache, daß der Technologie bei der Entwicklung der materiell-technischen Basis eine entscheidende Rolle zukommt. Aus diesen Beiträgen leiteten sich u. a. folgende Schlußfolgerungen ab:

Die Ingenieurwissenschaften, die die Ergebnisse der chemischen Forschung übernehmen, sind fortführende Wissenschaften, jedoch keine Wissenschaften geringerer Tiefe. Sie erforschen ebenfalls grundlegende Gesetzmäßigkeiten der Materie bzw. materieller Prozesse.

Entsprechend der Bedeutung der Verfahrenstechnik ist es erforderlich, sich so zeitig wie möglich auf die absehbaren Hauptentwicklungsrichtungen der Technologie zu konzentrieren und hier insbesondere die effektivsten Linien zu verfolgen. Daraus muß sich eine wahrhaft zweiseitige Wechselwirkung zwischen chemischer und technologischer Forschung ergeben.

In diesem Zusammenhang wies OM Klare auf die Notwendigkeit hin, einerseits technologische Labors in den Wissenschaftseinrichtungen zu schaffen und andererseits disponible technologische Kapazitäten in der Industrie freizuhalten, um die Überführung wissenschaftlicher Erkenntnisse zu beschleunigen.

Die Sicherung der optimalen Proportionen der Forschung kann wesentlich durch die Zusammenarbeit der sozialistischen Länder erleichtert werden. Das gilt besonders für Länder mit beschränktem wissenschaftlichem Potential. Dieser Umstand wurde übereinstimmend hervorgehoben. Es wurde aber auch festgestellt, daß der Umfang der internationalen Zusammenarbeit noch nicht den Möglichkeiten und Bedürfnissen entspricht (OM Klare, AM Boreskow).

4. Die Teilnehmer stimmten darin überein, daß die Produktivkraft der Wissenschaft auf einem breiten Fundament allgemeiner Kenntnisse über die Struktur und Bewegungsformen der Materie beruht. Das schließt aber nicht aus, daß die Forschung auf bestimmte Hauptrichtungen konzentriert werden muß. Das heißt,

daß das allgemeine Fundament der Wissenschaft eine bestimmte Struktur besitzen muß. Sie wird von drei Faktoren beeinflußt,

- der inneren Logik der Wissenschaft,
- den Erfordernissen der volkswirtschaftlichen Entwicklung und
- (für die meisten Länder) der Begrenztheit der wissenschaftlichen Potentiale.

Mehrfach wurde betont, daß die Konzentration der Forschung auf bestimmte Hauptlinien, die stets eine Beschränkung einschließt, der inneren Logik der betreffenden Wissenschaft entsprechen muß. Dieses Problem wurde jedoch nicht ausführlich diskutiert.

Zu diesem Punkt wies OM Klare darauf hin, daß die Effektivität der wissenschaftlichen Arbeit eine Mindestzahl wissenschaftlicher Ergebnisse und eine Mindestmenge des Erkenntnisgewinns innerhalb einer bestimmten Zeit erfordert. Solche Ergebnisse müssen disponibel vorhanden sein, denn ohne Überschuß an Ergebnissen ist keine Auswahl möglich und ohne Auswahl keine Optimierung.

Die Forderung, die Forschung nicht nur in der erforderlichen Breite und Tiefe, sondern auch über längere Zeiträume kontinuierlich zu betreiben, muß ebenfalls in diesem Zusammenhang betrachtet werden.

Insgesamt sollte die Bedeutung der inneren Logik der Wissenschaft, die Rolle der ihr innewohnenden methodischen und erkenntnistheoretischen Gesetzmäßigkeiten bei der Festlegung der Hauptrichtungen der Forschung sowie ihrer Art und ihres Umfanges noch weiter diskutiert werden.

Die Rolle der volkswirtschaftlichen Erfordernisse wurde intensiv beraten. Hier konnten vor allem die sowjetischen und polnischen Teilnehmer auf große Erfahrungen verweisen. Es wurde folgendes herausgearbeitet:

- Die Hauptrichtungen der Forschung müssen mit den Hauptrichtungen der volkswirtschaftlichen und gesellschaftlichen Entwicklung übereinstimmen.

  Die langfristigen Orientierungen und Prognosen der Partei- und Staatsführungen sind deshalb entscheidende Dokumente für die Forschungsplanung. Andererseits müssen diese Dokumente die Möglichkeiten und Entwicklungsbedingungen der Wissenschaft berücksichtigen.
- Bei der realen Zusammenarbeit zwischen Forschungsinstitutionen und Industrie drückt sich diese Wechselwirkung u. a. aus in der gemeinsamen Ausarbeitung der Aufgabenstellungen, die die Forschung einerseits auf konkrete technischwissenschaftliche Forderungen orientiert, ohne sie andererseits durch temporäre ökonomische Zielstellungen einzuengen, und in der Bereitschaft der Betriebe, Ergebnisse der Forschung schneller entgegenzunehmen und zu realisieren.

In diesem Zusammenhang wurde nachdrücklich darauf hingewiesen, daß Forschung keinesfalls immer zu einer Verfahrensentwicklung und zu neuen Anlagen führen muß. Die Investition ist nicht der Hauptweg der Intensivierung. Die Ergebnisse der Forschung müssen stärker zur Rationalisierung führen. Die Richtigkeit dieser Feststellung wurde durch den großen Nutzen der Prozeßanalysen bestätigt, die bisher in der chemischen Industrie durchgeführt wurden (Prof. Zimmermann, OM Bobeth).

Als Organisationsform, die die Übereinstimmung zwischen den Anforderungen der Industrie und den Bedingungen der Forschung vorteilhaft herstellen kann, wurde die Arbeit nach dem „Komplexbrigaden-Prinzip" bzw. die Arbeit in Problemkreisen empfohlen (AM Tzrebiatowska, AM Spizin, AM Kellö, AM Emanuel, AM Boreskow u. a.).

Hierbei werden die Ergebnisse verschiedener Wissenschaftsbereiche durch überinstitutionelle Komitees o. ä. zusammengefaßt und zur Lösung volkswirtschaftlicher Probleme koordiniert.

Die Begrenztheit der Forschungspotentiale hat ebenfalls Einfluß auf die Festlegung der Hauptrichtungen der Forschung. Die Zusammenarbeit der sozialistischen Länder ist der natürliche Weg, die Möglichkeiten jedes Partners zu erweitern. Prof. Kanzlík betonte, daß gegenwärtig bilaterale Forschung nicht nur sachlich, sondern auch zeitlich planbar ist. Diese Bemerkung läßt den Schluß zu, daß jedoch bei der termingebundenen multilateralen Zusammenarbeit noch organisatorische oder methodische Probleme bestehen. Das wird auch durch die mehrfach geäußerte Meinung unterstrichen, daß die wissenschaftliche Kooperation noch nicht alle Möglichkeiten ausgeschöpft hat und verbessert werden muß.

5. Aus der grundsätzlichen Forderung an die Wissenschaft, zur Befriedigung individueller und gesellschaftlicher Bedürfnisse beizutragen, ergeben sich Fragen über den Zusammenhang zwischen der fortgesetzten Bedürfnisentwicklung und dem Tempo der Bedürfnisbefriedigung, über die historische Berechtigung von Bedürfnissen und die Reaktion der Wissenschaft darauf.

Es wurde festgestellt, daß die Forschung letztlich stets durch gesellschaftliche Bedürfnisse initiiert wird, und daß insbesondere ihre Produktionswirksamkeit von der Übereinstimmung mit ihnen abhängt (KM Nowak). Dabei muß das Ausmaß des wissenschaftlichen Vorlaufes — die (bereits erwähnte) Menge der disponiblen wissenschaftlichen Erkenntnisse — in bestimmten Beziehungen zur Bedürfnisentwicklung stehen. Diese Problematik konnte ebenfalls nicht ausführlich diskutiert werden. Ein eigenständiger Beitrag der naturwissenschaftlichen Forschung muß die Applikationsforschung sein.

6. Bei der Durchdringung des eben angeführten Problemkreises wird besonders deutlich, welche Bedeutung Fortschritte der Gesellschaftswissenschaften auch für die naturwissenschaftliche Forschung haben. Der Einfluß der Naturwissenschaften auf die gesellschaftliche Praxis vollzieht sich vorrangig über die Entwicklung neuer, verbesserter Verfahren und Erzeugnisse. Sie wirken damit auf die technische Basis des Reproduktionsprozesses, die Bedingungen und Mittel der Produktion und Konsumtion ein. Auf diesem Gebiet treten Natur- und Gesellschaftswissenschaften in besonders enge Wechselbeziehungen.

Neben dem Komplex der Bedürfnisentwicklung — Bedürfnisbefriedigung und den damit eng verbundenen Problemen der Wert-Gebrauchswert-Relationen wurden von den anwesenden Wissenschaftlern auch Fortschritte der Gesellschaftsbzw. Wirtschaftswissenschaft auf dem Gebiet der leistungsgerechten Planung und Bewertung der Kombinate und Betriebe für unerläßlich gehalten. Es wurde in mehreren Beiträgen deutlich, daß die Nichtübereinstimmung von naturwissenschaftlichem und gesellschaftswissenschaftlichem Erkenntnisfortschritt die Wirksamkeit der Forschung als Produktivkraft auf bestimmten Gebieten behindert (OM Bobeth, AM Schay, KM Töpfer).

Die Fixierung der Problemkreise, an deren gemeinsamer Klärung durch die Vertreter beider Wissenschaften besonders großes volkswirtschaftliches und theoretisches Interesse besteht, ist eine wichtige Aufgabe.

Das vorliegende Material konnte nur einige Erkenntnisse und Hinweise, die wesentlich erschienen, unter bestimmten thematischen Aspekten zusammenfassen. Eine große Zahl weiterer Ausführungen konnte nicht berücksichtigt werden.

Kolibri 360 GmbH
Ferdinand-Jühlke-Straße 7
99095 Erfurt, Deutschland
produktsicherheit@kolibri360.de